Adam Abubakari

Determinação do sexo na tamareira (Phoenix dactylifera)

Adam Abubakari

Determinação do sexo na tamareira (Phoenix dactylifera)

Uma abordagem genómica comparativa única e inovadora

ScienciaScripts

Imprint

Any brand names and product names mentioned in this book are subject to trademark, brand or patent protection and are trademarks or registered trademarks of their respective holders. The use of brand names, product names, common names, trade names, product descriptions etc. even without a particular marking in this work is in no way to be construed to mean that such names may be regarded as unrestricted in respect of trademark and brand protection legislation and could thus be used by anyone.

Cover image: www.ingimage.com

This book is a translation from the original published under ISBN 978-3-330-34709-0.

Publisher:
Sciencia Scripts
is a trademark of
Dodo Books Indian Ocean Ltd. and OmniScriptum S.R.L publishing group

120 High Road, East Finchley, London, N2 9ED, United Kingdom
Str. Armeneasca 28/1, office 1, Chisinau MD-2012, Republic of Moldova, Europe
Printed at: see last page
ISBN: 978-620-7-73358-3

Índice

Agradecimentos

Gostaria de expressar a minha profunda gratidão a Deus todo-poderoso por me ter dado força mental, orientação, proteção e, mais importante, boa saúde durante toda a minha estadia aqui na Alemanha. Foi muito emocionante e ao mesmo tempo desafiante, mas o mais importante é que adquiri muitos conhecimentos ao longo deste período de estudo.

Gostaria de agradecer a certas pessoas e instituições que foram muito importantes para me orientar e apoiar ao longo do meu trabalho de investigação. Dr. Konstantin Krutovsky, que aceitou supervisionar-me e através do qual adquiri muitas competências em genética florestal. Gostaria também de agradecer à Dra. Barbara Vornam, que prontamente me aceitou como minha segunda orientadora. Estou muito grato pela sua ajuda, apoio e orientação. Gostaria de expressar a minha sincera gratidão à Dra. Hoda Ali, que me co-orientou. Trabalhei em estreita colaboração com ela durante todo o meu trabalho de investigação. Estou muito grato pelo seu imenso contributo e pelos seus esforços incansáveis.

Estou muito grata pelo apoio e ajuda da Sra. Alexandra Dolynska (assistente técnica).

Os meus agradecimentos especiais e a minha gratidão vão para os meus pais, familiares, amigos e todos os entes queridos do Gana pelo seu apoio, motivação e, mais importante, pelas suas orações durante todo o meu período de estudo aqui na Alemanha. O meu sincero apreço e gratidão vão para Abdullai Issaka pelo seu papel em trazer-me amostras de óleo de palma do Gana para esta investigação.

Os meus agradecimentos especiais vão para todos os meus colegas do DAAD, o Prof. Dr. Dirk Holscher e o Prof. Dr. Ralph Mitlohner e todos os tutores e pessoal administrativo do TIF.

Gostaria também de expressar a minha sincera gratidão e apreço ao Dr. Martin Wiehle da Universidade de Kassel pelo seu apoio.

Por último, gostaria de agradecer ao Serviço Alemão de Intercâmbio Académico (Deutscher Akademischer Austauschdienst-DAAD) pelo seu esforço incansável em fornecer apoio financeiro durante toda a duração dos meus estudos de mestrado (Silvicultura Tropical e Internacional).

CAPÍTULO 1

1. Introdução

1.1 "Tamareira (*Phoenix dactylifera)*

A Phoenix dactylifera (tamareira) pertence à família das palmeiras Arecaceae, e o seu género inclui cerca de 14 espécies (Barrow 1998; Mathew et al. 2014). É uma espécie diploide com 18 pares de cromossomas (2n=36; Mathew et al. 2014). É uma árvore de fruto monocotiledónea perene que pode crescer até 15-40 m de altura e depende muito da água subterrânea que pode ser alcançada pelas suas raízes de 6 m de comprimento (Zaid et al. 2002). A tamareira é uma espécie dióica e, por conseguinte, estritamente cruzada. As tamareiras produzem flores masculinas e femininas em duas palmeiras masculinas e femininas separadas, respetivamente, tal como acontece com a papaia (*caripa papaya*), a palmeira de óleo americana (*Elaeis oleifera*), o kiwi (*Actinidia deliciosa*), o lúpulo (*Humus lupulus*) e muitas outras espécies de árvores tropicais.

A tamareira é considerada uma das palmeiras mais antigas, tendo sido domesticada e cultivada há mais de 5000 anos (Zohary e Hopf 2000). A tamareira é uma importante cultura frutífera que se desenvolve em regiões muito áridas do mundo e tem mais de 600 cultivares ou variedades. Não é surpreendente que a tamareira se encontre principalmente em áreas secas no Norte de África, Médio Oriente e Península Arábica. Devido às suas características únicas, a tamareira pode ser verdadeiramente chamada de "árvore da vida" e é considerada uma das plantas mais antigas, distribuída por todo o Médio Oriente, Norte de África, Sul do Sahel, África Oriental e do Sul, e mesmo em certas partes da Europa e dos EUA. Contribui significativamente para a criação de microclimas equitativos nos ecossistemas dos oásis, permitindo assim um desenvolvimento agrícola sustentável em zonas afectadas pela salinidade e pela seca. Os frutos nutritivos desempenham um papel muito importante no consumo da população humana local. A tamareira é também utilizada para produzir vários bens e, assim, promove o emprego e afecta o aspeto socioeconómico (Chao e Krueger 2007).

As tamareiras podem tolerar uma vasta gama de condições ambientais às quais a maioria das plantas não sobreviveria. As tamareiras crescem muito bem em condições climáticas arenosas e muito quentes devido ao seu sistema radicular profundo (Chao e Krueger 2007). Embora as tamareiras não sejam verdadeiras halófitas, são extremamente tolerantes à salinidade e ao stress hídrico (Chao e Krueger 2007).

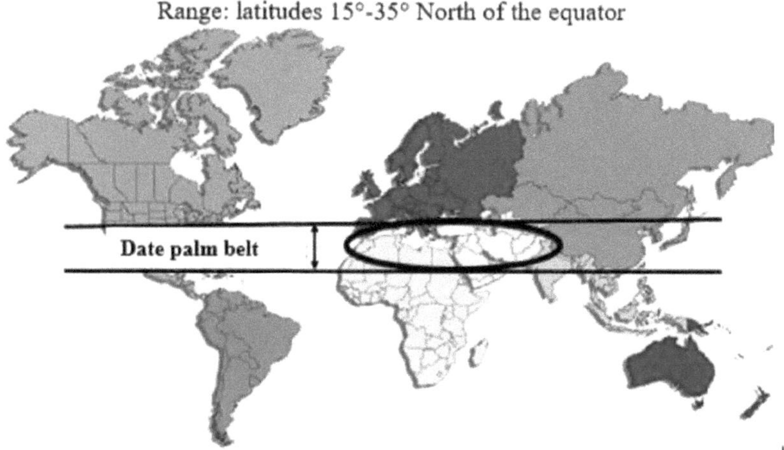

Fig. 1.1.1 Distribuição geográfica da tamareira

A distribuição geográfica da tamareira varia entre as latitudes 15° e 35° a norte do equador (Fig. 1.1.1). Pode suportar temperaturas tão altas como 50 °C e tão baixas como -5 °C (Zaid e de Wet 2002a).

A origem exacta da tamareira é ainda um mistério, embora alguns registos apontem para 3000 a.C., e as especulações sugiram que poderá ter tido origem no Sul do Iraque (Mesopotâmia) (Chao e Krueger 2007). A tamareira desempenha um papel importante na vida social, económica, religiosa e cultural dos povos destas regiões (Fig. 1.1.2; Aldous et al. 2011; Cherif et al. 2013). A tamareira é a única palmeira mencionada em vários livros sagrados, como a Bíblia, o Alcorão e a Torá. Os muçulmanos são bem conhecidos em todo o mundo por uma longa história cultural e religiosa da tamareira (Chao e Krueger 2007).

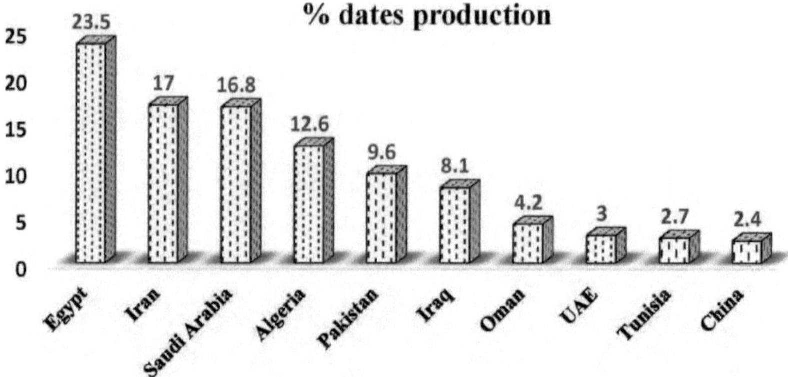

Fig. 1.1.2 Os principais países produtores de tâmaras (dados de 2012 da FAO)

A tamareira propaga-se principalmente através de sementes e rebentos (Mathew et al. 2014). Começa a florescer aos 5-8 anos de idade e mantém-se produtiva durante mais de 50 anos (Al-dous et al. 2011; Mathew et al. 2014). Uma vez que se trata de uma espécie dióica com inflorescências masculinas e femininas em árvores separadas (Fig. 1.1.3), as tamareiras são naturalmente polinizadas pelo vento, mas nas plantações são maioritariamente polinizadas artificialmente para aumentar o seu rendimento (Chao e Krueger 2007). Os frutos da tamareira são classificados em três tipos principais: frutos moles, semi-secos e secos, que podem ser armazenados durante muito tempo. As tâmaras têm diferentes tamanhos, formas, sabores e cores (Fig. 1.1.3; Zaid et al. 2002). As tâmaras são as culturas económicas mais importantes na Península Arábica e no Norte de África (Chao e Krueger 2007). De acordo com a FAO (2014), a produção mundial de tâmaras foi de cerca de 7 milhões de toneladas e avaliada em mais de 1 bilião de dólares americanos ($) só em 2012. O Egipto é atualmente o principal produtor de tâmaras e produz cerca de 24% da produção mundial de tâmaras no ano fiscal de 2012 (FAO, 2014), mas a maior parte da produção é utilizada localmente.

Fig. 1.1.3 Inflorescências masculina (*a*) e feminina (*b*) da tamareira e frutos (*c* - *e*) (https://www.flickr.com/photos/serdal/9216766526)

1.2. Palmeira africana (*Elaeis guineensis*)

A Elaeis guineensis Jacq (palmeira de óleo africana) também pertence à família Arecaceae e ao género *Elaeis*. É uma das três árvores de fruto economicamente mais importantes da família Arecaceae, para além da tamareira e dos cocos (Mathew et al. 2015). Ao contrário da tamareira, o dendezeiro africano é uma espécie monóica e, normalmente, tem flores masculinas e femininas localizadas em diferentes partes da árvore (Nodichao et al. 2011). No entanto, normalmente funcionam como dióicas de tal forma que as inflorescências masculinas e femininas se desenvolvem em alturas diferentes para evitar a autofecundação (Dransfield e Uhl 1998; Nodichao et al. 2011). Outra espécie de palmeira de óleo dentro do mesmo género é a palmeira de óleo americana (*Elaeis oleifera*) (Singh et al. 2013). As palmeiras americanas são estritamente dióicas, tal como as tamareiras, e encontram-se sobretudo no Sudeste Asiático e na América do Sul (Singh et al. 2013). A palmeira oleífera é economicamente muito importante, uma vez que produz dois óleos valiosos distintos (Singh et al. 2013) - um a partir do mesocarpo macio e carnudo (óleo de palma) e outro a partir das sementes duras (caroços).

O óleo de palma africano é mais importante do ponto de vista económico do que o americano, porque o primeiro produz mais óleo (Jones 1989). O óleo de palma é utilizado principalmente para consumo humano, para cozinhar e como ingrediente principal em diferentes produtos, como margarinas, velas, detergentes, pães, chocolates e cosméticos. O óleo de palma desempenha um papel importante nas economias da maioria dos países em desenvolvimento e é o óleo vegetal mais comercializado em todo o mundo (Singh et al. 2013). Consequentemente, prevê-se que a produção de palmiste e óleo de palma duplique no ano 2020 devido à sua elevada procura e importância económica (WWF 2016).

As palmeiras de óleo são propagadas apenas através de sementes, ao contrário das tamareiras que são propagadas principalmente por rebentos (Dransfield et al. 2008). As palmeiras de óleo começam a florescer aos 2-3 anos de idade, e produzem principalmente inflorescências masculinas numa idade precoce (Fig. 1.2.1), mas mais tarde começam a produzir apenas inflorescências femininas (Fig. 1.2.2) (Nodichao et al. 2011). A proporção entre os sexos nas palmeiras é muito afetada por factores ambientais como a seca e a humidade (Corley 1976a; Nodichao et al. 2011). Por exemplo, condições de seca favorecem a produção de inflorescências masculinas e, portanto, menor produção de óleo de palma (Corley 1976b). Pelo contrário, a disponibilidade adequada de água induz a formação de inflorescências femininas e, portanto, promove a produção de óleo (Corley 1976b). Isto explica porque é que as plantações de óleo de palma estão a expandir-se mais no Sudeste Asiático do que na África Ocidental, devido à vantagem da elevada pluviosidade e, por conseguinte, ao melhor rendimento. Num curto período de transição, é possível encontrar inflorescências masculinas e femininas juntas na mesma palmeira de óleo (Corley 1976a).

A palmeira africana cresce principalmente em condições tropicais e tem uma área geográfica entre 16° N e 15° S. No entanto, a área mais produtiva é 7° Norte e Sul do equador, especialmente em áreas com uma precipitação muito elevada (Verheye 2010).

Fig. 1.2.1 Palmeiras estéreis femininas funcionalmente masculinas. Como é evidente na imagem, não há frutos visíveis de palmeiras e actividades de colheita (corte de frondes)

Fig. 1.2.2 Palmeira oleaginosa com frutos em funcionamento normal. São claramente visíveis os frutos da palmeira e também o corte das frondes

1.3. Mecanismos genéticos de determinação do sexo

A separação rigorosa dos géneros em dois sexos é típica dos animais, incluindo os seres humanos (Ming et al. 2011; Heikrujam et al. 2014). É controlada principalmente por genes nos cromossomas sexuais X e Y, que são morfologicamente diferentes e têm um conteúdo genético diferente (Juarez e Banks 1998). Ao contrário dos animais, as plantas têm um sistema de determinação do sexo mais diversificado e complexo (Ming et al. 2011). A evolução das espécies vegetais dióicas e os mecanismos de determinação do sexo nas plantas ainda não são bem compreendidos (Ming et al. 2011; Milewicz e Sawicki 2012). Entretanto, este conhecimento é muito necessário para nos ajudar a compreender melhor a evolução do sexo e pode ter também aplicações práticas muito importantes, como no caso do atual estudo sobre a determinação do sexo na tamareira (*Phoenix dactylifera*). A tamareira é uma espécie arbórea dióica com flores masculinas e femininas localizadas em duas árvores separadas, masculina e feminina, respetivamente, como no caso da papaia (*Caripa papaya*), da palmeira americana (*Elaeis oleifera*), do kiwi (*Actinidia deliciosa*), do lúpulo (*Humus lupulus*) e de muitas outras espécies arbóreas de valor económico (Barrow 1998, Mathew *et al* 2014). Para um estabelecimento eficiente da plantação, é importante ser capaz de distinguir as plântulas femininas das masculinas. Os métodos mais informativos seriam a utilização de marcadores genéticos moleculares relacionados com a determinação do sexo. O principal objetivo da presente investigação é estudar os mecanismos genéticos de determinação do sexo na tamareira e identificar marcadores genéticos moleculares relacionados com a determinação do sexo que possam ser utilizados na prática da plantação florestal de tamareira.

A teoria da evolução do dimorfismo sexual (inflorescência masculina ou feminina) sugere que a dioicia evoluiu a partir da monoicia, considerando como antepassados as plantas com flores hermafroditas. Foram necessárias duas alterações genómicas evolutivas independentes ou mutações genéticas; uma que causou a esterilidade masculina e promoveu a feminilidade, e outra que causou a esterilidade feminina e promoveu o desenvolvimento da inflorescência masculina (Charlesworth e Guttman 1998; Ming et al. 2011; Charlesworth 2016). Os genes que são necessários para o desenvolvimento bem-sucedido das flores estão aleatoriamente espalhados nos genomas das plantas e localizados em mais de um cromossoma (Wellmer et al. 2004, Zhang et al. 2005). Talvez as mutações em genes reguladores que podem causar esterilidade masculina ou feminina desempenhem um papel mais crítico no desenvolvimento das flores (Wellmer et al. 2004, Zhang et al. 2005). Portanto, os mecanismos de determinação do sexo são muito complexos e podem variar entre diferentes espécies de plantas (Charlesworth 2016).

Os mecanismos envolvidos na determinação do sexo em plantas podem ser divididos em três grupos: 1) determinação ambiental do sexo, 2) determinação cromossómica do sexo, e 3) determinação do sexo por genes ligados ao sexo (Milewicz e Sawicki 2012).

A determinação ambiental do sexo ocorre quando as condições ambientais induzem a formação de flores específicas do género, fazendo com que a proporção do sexo varie no processo (Milewicz e Sawicki 2012). O óleo de palma representa um exemplo quando as condições de seca favorecem o desenvolvimento de inflorescências masculinas, mas o desenvolvimento de inflorescências femininas é melhorado, quando a água é adequada (Corley 1973b). A determinação cromossómica do sexo está associada aos cromossomas sexuais (Milewicz e Sawicki 2012). Estes cromossomas sexuais podem ser heteromórficos ou homomórficos (Milewicz e Sawicki 2012). Nos cromossomas sexuais homomórficos, os cromossomas em pares são muito semelhantes e não podem ser diferenciados morfologicamente, como em *Asparagus officinalis*

(Ainsworth et al. 1995). No entanto, quando os cromossomas sexuais são morfologicamente distintos aos pares (e podem ser discriminados citogeneticamente ao microscópio), são denominados heteromórficos, como em Silene *latifolia* e *Rumex acetosa* (Ainsworth et al. 1995).

A determinação do sexo por genes é uma determinação do sexo controlada por genes (Milewicz e Sawicki 2012). Neste caso, os marcadores genéticos moleculares podem ser utilizados para a determinação do sexo. Existem vários estudos publicados em que foram utilizados marcadores genéticos moleculares para distinguir o género em tamareiras, como o ADN polimórfico amplificado aleatório (RAPD) (Ahmed et al. 2006; Younis et al. 2008), o Polimorfismo de Comprimento de Fragmento Amplificado (AFLP) (Corniquel e Mercier 1997; Adawy et al. 2004), marcadores de repetição de sequência simples (SSR) (Elmeer e Mattat 2012; Cherif et al. 2013), e marcadores de Repetição de Sequência Simples Inter (ISSR) (Dhawan et al. 2013). Um resumo dos marcadores moleculares utilizados em estudos anteriores sobre a determinação do sexo em tamareiras é apresentado na Tabela 1.3.

Quadro 1.3 Estudos publicados sobre marcadores genéticos moleculares e determinação do sexo em tamareiras

Molecular	Principais resultados mercado	Referência
SSR	Foram desenvolvidos 16 loci de microssatélites ou de repetições de sequências simples (SSR) utilizando uma biblioteca enriquecida com microssatélites (GA)n.	Billotte et al. 2004
RAPD	Os marcadores de ADN polimórfico amplificado ao acaso (RAPD) não revelaram diferenças entre as plantas masculinas e femininas testadas.	Ahmed et al. 2006
RAPD	O RAPD não conseguiu discriminar as palmeiras macho desconhecidas.	Younis et al. 2008
SSR	Apenas os machos eram heterozigóticos 160/190 no locus mPdCIR048.	Elmeer e Mattat 2012
PCR-RFLP	Foram utilizadas duas abordagens para desenvolver ensaios baseados em ADN para a diferenciação sexual em tamareiras. Ao conceber primers para polimorfismos ligados ao sexo, foi possível simplificar resultados contrastantes através de digestões de restrição do produto masculino num e do produto feminino no outro.	AI-Mahmoud et al. 2012

SSR	Três loci geneticamente ligados mPdIRDP50, mPdIRDP52 e mPdIRDP80 foram heterozigotos apenas em machos.	Cherif et al. 2013
ISSR e RAPD	Foi desenvolvido um marcador SCAR específico para os machos, utilizando 100 marcadores RAPD e 104 marcadores ISSR (inter simple sequence repeat).	Dhawan et al. 2013
SCoT e RAPD	2 Start Codon Targeted (SCoT) e 4 primers RAPD eram marcadores baseados em PCR específicos do sexo (dois marcadores associados a machos e cinco associados a fêmeas).	Adawy et al. 2014

1.4. Progressos actuais no sentido de decifrar a determinação do sexo na tamareira

A determinação do sexo nas plantas é muito complicada, e os processos que levam ao desenvolvimento unissexual não são bem compreendidos e continuam a ser um mistério, apesar dos numerosos estudos (Milewicz e Sawicki 2012; Khosla e Kumari 2015).

Apesar da importância económica da tamareira, a falta de marcadores moleculares ligados ao sexo para assegurar a seleção precoce na fase de plântula limitou a utilização total da cultura de frutos, uma vez que não é possível a propagação de sementes para grandes plantações de tâmaras (Bekheet e Hanafy 2010; Ming et al. 2011). Houve numerosas tentativas destinadas a discriminar o género e a decifrar os mecanismos de determinação do sexo na tamareira, no entanto, até agora não houve relatos de genes ligados ao sexo que discriminassem o género na tamareira (Bekheet e Hanafy 2010; Mathew et al. 2014). O primeiro estudo que procurou cromossomas sexuais em tamareiras foi realizado por Siljak-Yakovlev et al. (1996). Eles descobriram que os cromossomas sexuais na tamareira são homomórficos, e a sua descoberta baseou-se na visualização dos núcleos através de manchas de ligação à cromomicina. Houve variações nas manchas dos nucléolos entre as tamareiras masculinas e femininas. As tamareiras macho tinham duas manchas de nucléolos de tamanhos diferentes, enquanto as fêmeas tinham duas manchas de nucléolos idênticas.

Numa tentativa de separar os géneros na tamareira, Younis et al. (2008) utilizaram tanto o RAPD como o ISSR para detetar variações específicas do género. Encontraram cinco marcadores ISSR (fragmentos) positivos específicos do género masculino, enquanto o RAPD produziu três marcadores específicos do género feminino e dois marcadores específicos do género masculino. Com o objetivo de identificar marcadores de microssatélites ligados ao sexo, Cherif et al. (2013) encontraram três loci ligados ao sexo mPdIRDP50 (PDK_30s1202771), mPdIRDP52 (PDK_30s680001) e mPdIRDP80 (PDK_30s6550963), que eram todos heterozigóticos apenas nos machos. Estes resultados confirmam a existência de um sistema cromossómico XY com uma região não recombinante do tipo XY no genoma da tamareira.

Adicionalmente, Dhawan et al. (2013) utilizaram 100 primers RAPD e 104 ISSR e duas amostras de ADN genómico em massa (cada uma feita através do agrupamento de ADN de dez plantas masculinas e femininas, separadamente) para desenvolver marcadores RAPD ou ISSR específicos para homens em tamareiras. Apenas um iniciador RAPD (OPA-02) amplificou um fragmento de ADN único com ~1 Kbp de comprimento em tamareiras masculinas, mas não em tamareiras femininas. Este fragmento de ADN específico dos machos foi clonado, sequenciado (GenBank accession no. JN123357) e subsequentemente convertido num marcador SCAR. Os primers para este marcador amplificaram os fragmentos de 406 pb em árvores masculinas e femininas, mas também um fragmento adicional de 354 pb de comprimento apenas em árvores masculinas. No entanto, os autores não forneceram qualquer verificação de sequência para os fragmentos de 406 pb e 354 pb. Além disso, na análise BLAST, o fragmento de ADN amplificado com ~1 Kbp de comprimento não corresponde a nenhuma planta sequenciada na base de dados Genbank, incluindo assembleias de tâmaras e palmeiras. Suspeitamente, quando analisámos as sequências dos iniciadores, estas corresponderam a algumas sequências bacterianas no Genbank.

AL-Mahmoud et al. (2012) desenvolveram um ensaio baseado no ADN numa tentativa de separar o género em tamareiras, utilizando a abordagem PCR-RFLP. Esta abordagem necessitou de uma amplificação inicial de PCR seguida de digestão de restrição com base nas enzimas BclI e HpaII e eletroforese em gel. Devido ao facto de os haplótipos masculinos e femininos serem bastante diferentes, com múltiplos polimorfismos divergentes, foi possível demonstrar que as tamareiras masculinas podiam ser heterogâmicas (contendo alelos masculinos e femininos), enquanto as tamareiras femininas eram homogâmicas (tendo, portanto, duas cópias do mesmo alelo), com base nas amplificações PCR utilizando polimorfismos de iniciadores concebidos que produziam produtos PCR diferentes nas tamareiras masculinas e femininas.Este estudo também fornece mais provas da existência de cromossomas sexuais nas tamareiras, sendo as tamareiras masculinas heterogâmicas (X-Y) e as tamareiras femininas homogâmicas (XX). No entanto, o problema deste marcador é que foi desenvolvido utilizando apenas uma variedade e não conseguiu discriminar o género quando testado noutra variedade de tamareira, a Deglet Noor, na qual os machos também produziram um único polimorfismo.

Mais recentemente, Mathew et al. (2014) utilizaram marcadores de polimorfismo de nucleótido único (SNP) para desenvolver o primeiro mapa genético do genoma da tamareira. Com base na alta densidade de SNPs segregantes, os autores identificaram alguns SNPs ligados ao sexo e concluíram que o Grupo de Ligação 12 (e possivelmente também 1, 2 e 5) abriga os genes putativos de determinação do sexo. Análises posteriores mostraram também uma elevada sintenia entre o Grupo de Ligação 12 da tamareira e o cromossoma 10 da palmeira de óleo (Mathew et al. 2014).

1.5. Enunciados de problemas

A tamareira é uma cultura frutífera estritamente dióica cultivada em zonas semi-áridas a secas no Médio Oriente, Norte de África e Paquistão e desempenha um papel muito importante nas economias destes países (Chao e Krueger 2007). As árvores fêmeas produtoras de frutos de tâmara são aparentemente preferidas nas plantações comerciais de tamareira (Chao e Krueger 2007). No entanto, as tamareiras fêmeas produzem descendentes que segregam numa proporção sexual de 1:1 (Mohamed e Sami 2015), o que torna a sua propagação para produção comercial por sementes menos ineficiente do que por rebentos.

Na natureza, as tamareiras são propagadas quer por sementes quer vegetativamente através de rebentos. A propagação por sementes não é adequada para a produção comercial porque metade da descendência é masculina e, atualmente, não há forma de distinguir o sexo nas plantas de tamareira numa fase inicial de desenvolvimento. Além disso, esta espécie caracteriza-se por um atraso na floração e pode levar até 6-8 anos para atingir a fase reprodutiva (Bendiab et al. 1993). Por conseguinte, a procura de métodos eficazes de identificação precoce do sexo requer uma abordagem genética.

O principal problema abordado neste estudo é a incapacidade de discriminar morfologicamente o género nas tamareiras na fase de plântula, o que leva os agricultores a desperdiçar muito dinheiro, tempo e recursos no cultivo de tamareiras masculinas economicamente inúteis. Entretanto, uma tamareira macho pode polinizar cerca de 40-100 tamareiras fêmeas (Mohamed e Sami 2015). As análises morfológicas e citogenéticas não têm sido úteis na discriminação de género em tamareiras (Heikrujam et al. 2014; Khosla e Kumari 2015). Apesar da sua importância económica, a incapacidade de discriminar as tamareiras macho e fêmea na fase de plântula limitou o seu cultivo comercial por sementes (Mathew et al. 2014). Atualmente, as únicas abordagens praticamente viáveis para estabelecer grandes plantações de tamareiras são a utilização de rebentos (Mohamed e Sami 2015). No entanto, estes rebentos não são apenas limitados em termos de quantidade, mas também em termos de diversidade, uma vez que representam principalmente alguns clones parentais. A redução da diversidade genética torna as tamareiras propensas ao ataque de pragas e doenças (Daher et al. 2010). As tentativas anteriores para determinar os genes ligados ao sexo revelaram-se inúteis. Os cromossomas sexuais ainda são desconhecidos para a tamareira, pelo que o melhor método seria utilizar marcadores genéticos ou genes ligados ao sexo.

O IPCC (2007) prevê um cenário futuro de alterações climáticas muito mais seco e rigoroso para os países das regiões que cultivam tamareiras, com graves implicações para a segurança alimentar. Esta situação pode agravar a situação dos agricultores rurais pobres. Uma vez que as tamareiras são tolerantes e se desenvolvem muito bem em tais condições, podem ser utilizadas como estratégia de atenuação das alterações climáticas e para a segurança do abastecimento alimentar. No entanto, esta última depende da capacidade de discriminar o género nas tamareiras, o que ajudaria os agricultores a estabelecer pomares de tamareiras e promoveria também programas avançados de seleção e reprodução que conduziriam a um aumento da produção de tamareiras. No caso da palmeira africana, a questão principal tem a ver com a ocorrência de palmeiras estéreis femininas. Estas palmeiras produzem apenas inflorescências masculinas e, por isso, são normalmente chamadas de machos pela população local. São chamadas de palmeiras macho porque nunca dão frutos de palma, que são o principal aspeto económico do cultivo de palmeiras de óleo. Estas palmeiras macho são geralmente consideradas inúteis e são frequentemente cortadas das plantações de palmeiras. Por conseguinte, o desenvolvimento de um marcador molecular que permita a discriminação precoce dos indivíduos estéreis femininos das palmeiras normais que dão frutos será fundamental para aumentar e maximizar todo o potencial de produção da palma.

1.6. Justificação da investigação

A tamareira é uma das mais antigas árvores de fruto dióicas cultivadas. É importante para a agricultura em terras áridas, pois fornece frutos altamente nutritivos e sobrevive em condições ambientais e de calor extremas. Embora exista um mapa genético quase completo para esta espécie, não foram identificados genes sexuais. Durante a última década, houve numerosas tentativas de usar marcadores moleculares para discriminar árvores masculinas e femininas na tamareira. Atualmente, um sinal importante no caminho para a exploração dos mecanismos de determinação do sexo parece ser os marcadores genéticos moleculares ligados ao sexo. O trabalho de desenvolvimento de marcadores ligados ao sexo é ainda muito necessário.

Com base nestas premissas, os estudos destinados a identificar genes ligados ao sexo ou marcadores genéticos moleculares são cruciais para a seleção precoce na fase de plântula, o que abrirá caminho para programas de melhoramento e para o cultivo de tamareira em grande escala através de sementes. As grandes plantações de tamareiras através de sementes acabarão por aumentar a diversidade genética das tamareiras. Além disso, a melhoria da diversidade genética da tamareira aumentará a sua resistência potencial contra pragas e doenças (Daher et al. 2010).

Os resultados deste estudo ajudarão a resolver um mistério de longa data relativo à determinação do sexo na tamareira e também criarão uma plataforma para estudar a determinação do sexo noutras palmeiras dióicas da família Arecaceae.

As boas perspectivas para as plantações de tamareira e de dendezeiro e os ganhos esperados não podem ser plenamente alcançados se os problemas biológicos subjacentes não forem resolvidos. Estas valiosas culturas económicas são vitais para as economias de muitos países em desenvolvimento e especialmente para os milhões de pessoas pobres das zonas rurais que delas dependem para a sua subsistência diária. Este estudo não só aborda um problema fundamental e biológico, como também tem um significado evolutivo muito interessante.

1.7. Questões de investigação

- Que genes ou loci estão associados à determinação do sexo na tamareira?

- Uma vez que as técnicas morfológicas e citogenéticas não conseguiram discriminar o sexo na tamareira, poderão os marcadores genéticos moleculares fornecer uma solução?

- Quais são as implicações sociais, económicas e ambientais (alterações climáticas) da discriminação de género nas tamareiras?

1.8. Objetivo principal

Identificar gene(s) associado(s) à determinação do sexo ou marcadores genéticos moleculares em tamareira.

1.8.1. Objectivos específicos:

- identificar genes conhecidos responsáveis pela determinação do sexo em espécies arbóreas relacionadas;

- Conceber primers para amplificar regiões-alvo específicas do gene candidato de determinação do sexo em tamareiras e palmeiras;

- utilizando dados de sequenciação, identificam SNPs específicos do género na tamareira;

- identificar os SNP que diferenciam as palmeiras africanas monóicas com frutos normais das palmeiras estéreis femininas sem frutos.

CAPÍTULO 2

2. Materiais e métodos

2.1. Recolha de amostras de tamareira (*Phoenix dactylifera*)

Foram recolhidas amostras de folhas de sete tamareiras (*Phoenix dactylifera*) - quatro árvores femininas e três árvores masculinas - que cresciam numa plantação perto da aldeia de Burg Migheizil, no Egipto (Fig. 2.1). As amostras de tamareira representavam quatro cultivares diferentes de importância económica: Samani, Hayany, Orabi e Zaghloul, respetivamente. Foram colhidas durante o período de frutificação, a fim de identificar o género das árvores. A tamareira é uma espécie dióica, mas as árvores macho e fêmea são indistinguíveis morfologicamente e só podem ser discriminadas durante a floração e a frutificação. As amostras de folhas foram cortadas e completamente secas ao ar, armazenadas em sacos de plástico ziplock etiquetados e depois utilizadas para o isolamento do ADN.

Burg Migheizil, Kafr el- Sheikh (31,3⁰ N, ° 27' 19" N, 30,93⁰ ° 22' 59 "E), é uma aldeia situada na parte norte do Egipto, na parte noroeste do delta do rio Nilo. Fica a 66,8 km da cidade de Alexandria. A região tem uma precipitação e uma temperatura médias anuais de 189 mm e 20,8 °C, respetivamente (Climate.org)

Fig. 2.1 Área demarcada, onde foram recolhidas amostras de tamareiras

2.2. Recolha de amostras de palma (*Elaeis guineensis*)

Foram colhidas vinte amostras de folhas de palmeira oleaginosa *(Elaeis guineensis)* numa plantação de palmeira oleaginosa situada a alguns quilómetros de Bechem, região de Brong Ahafo, Gana (7° 5'24.83 "N, 2° 4'21.25 "W; Fig. 2.2). Foram colhidas pequenas amostras de folhas e secas em sílica-gel em sacos de plástico selados com fecho de correr. *Elaeis guineensis* é monóica, uma caraterística que predomina em Arecaceae (Dransfield e Uhl 1998). O dendezeiro produz inflorescências masculinas e femininas separadas na mesma árvore em locais diferentes. Diferentes inflorescências são desenvolvidas num ciclo alternado de duração variável, dependendo de factores genéticos, idade e particularmente das condições ambientais, com a produção de inflorescências masculinas geralmente favorecida pelo stress hídrico (Corley 1976b). Ocasionalmente, são produzidas inflorescências de sexo misto na transição entre os ciclos masculino e feminino (Biradar 1978). As amostras foram recolhidas de 10 árvores femininas frutíferas e 10 árvores oleaginosas funcionalmente estéreis e masculinas.

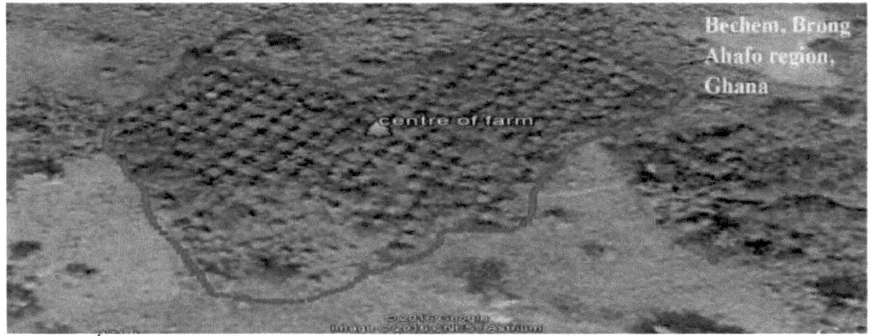

Fig. 2.2 Área demarcada, onde foram recolhidas amostras de palmeiras

2.3. Seleção de genes candidatos para a determinação do sexo

Sete genes candidatos à determinação do sexo foram descobertos na região do genoma do choupo-preto (*Populus trichocarpa*) localizada na região central do cromossoma 19, correspondendo também à região ligada ao sexo no choupo tremedor (*P. tremuloides*) (Kersten *et al.*, 2014). Entre os quatro candidatos envolvidos no desenvolvimento da flor, Potri.019G047300.1 (semelhante ao *Arabidopsis* TOZ19, AT5G16750.1) é de particular interesse porque se prevê que esteja envolvido na transição do meristema vegetativo para o meristema reprodutivo, uma fase muito precoce do desenvolvimento da flor. É específico do sexo masculino em *P. tremuloides*

- está presente em árvores masculinas, mas está completamente ausente em árvores femininas (Pakull *et al.*, 2015). O mesmo foi observado no choupo comum ou europeu (*P. tremula*), mas um pequeno fragmento da parte 3'do gene ainda está presente nas fêmeas de *P. tremula*. Por conseguinte, o TOZ19 representa um gene candidato interessante para explorar a determinação do sexo noutras espécies arbóreas.

Comparámos a sequência do gene TOZ19 com o genoma da tamareira na base de dados NCBI (https://blast.ncbi.nlm.nih.gov/Blast.cgi) e encontrámos um gene homólogo da tamareira anotado como "putative Transducin Beta-like Protein 3". Subsequentemente, comparámos este gene com o genoma da tamareira utilizando a base de dados de nucleótidos blastn e não-redundante (nr) na coleção Genbank do NCBI e encontrámos um homólogo com uma identidade de sequência muito elevada de 98%, com um valor E de 6e-116. Estes dois homólogos de tâmaras e palmeiras foram alinhados utilizando o software Bioedit e utilizados como modelo de referência para a conceção dos primers de PCR, escolhendo sítios que são conservadores (invariantes) em ambas as espécies.

2.4. Conceção de iniciadores de PCR específicos do gene

Foram concebidos quatro pares de iniciadores utilizando o software Codoncode Aligner 6.0.1 (Quadro 2.4; Fig. 2.4). Estes iniciadores foram concebidos para amplificar fragmentos com cerca de 500 pb de comprimento, sobrepostos pelo menos em cerca de 100 pb, para assegurar uma cobertura total contínua da região-alvo de cerca de 1000 pb ou (cerca de 1 Kp). Para conceber iniciadores de PCR que fossem universais para ambas as espécies e pudessem amplificar regiões-alvo específicas no gene "putative transducin beta-like protein 3" tanto nas tamareiras como nas palmeiras, alinhámos dois genes utilizando o CodonCode Aligner e seleccionámos regiões conservadas tanto nas tamareiras como nas palmeiras para conceber iniciadores.

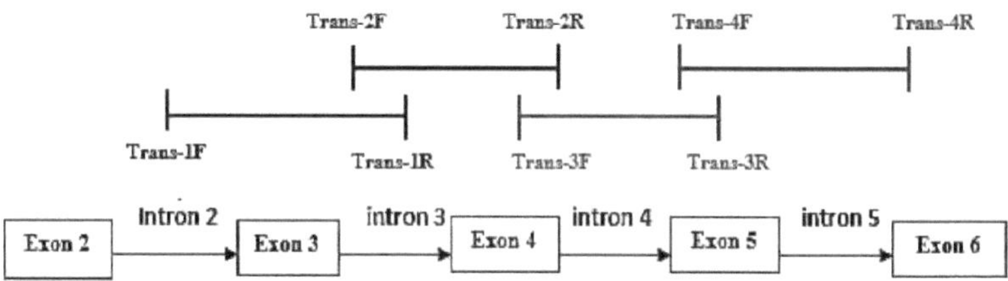

Fig. 2.4 Quatro pares de iniciadores (Trans1, Trans2, Trans3 e Trans4) concebidos para amplificar regiões-alvo específicas ligeiramente sobrepostas no gene "putative transducin beta-like protein 3" tanto em tamareiras como em palmeiras.

Embora prevíssemos que todos estes quatro pares de primers pudessem funcionar, no entanto, apenas foram testados os pares de primers Trans-3 e Trans-4. Estes amplificaram com sucesso regiões-alvo específicas no ADN de amostras de tamareiras masculinas e femininas e foram subsequentemente utilizados neste estudo.

Quadro 2.4 Quatro pares de iniciadores de PCR concebidos para amplificar regiões-alvo específicas no gene "putative transducin beta-like protein 3" em tamareiras e palmeiras

Primer*	Nucleotide Sequences	Amplified fragment size, bp	
		expected	observed
Trans-1-F GGCTGAACTGGCTTGGCTTT		519	not tested
Trans-1-R CGTACAATTCCACGCTCACC			
Trans-2-F TTGTCAGCTTGTTTGGGCCT		518	not tested
Trans-2-R ACCTGTTCCAAATTTGTAGCCAC			
Trans-3-F TCTTGATATGAGGTTCTTGGGTG		473	472-473
Trans-3-R ACACTATTGTCCTTGCTTCCAGT			
Trans-4-F TGTATTGTCAGGGCACACAGA		579	534-577
Trans-4-R CAATGTCCCACACTCTCACCT			

*F - avanço, R - retrocesso

2.5. Extração de ADN

As amostras de tamareira foram cortadas em pedaços de 2 cm por 2 cm e colocadas em tubos de microcentrifugação de 2 ml rotulados com pastilhas de moagem. As amostras foram congeladas em azoto líquido durante cerca de 30 segundos e trituradas até se obter um pó muito fino, utilizando a máquina de trituração Rechnuller. Para a extração de ADN, foi utilizado o protocolo DNeasy Plant Mini Kit (Quiagen). Foram adicionados 400 µL de tampão API, 100 µL de PVP (26%) e 5 µL de solução-mãe de RNase A (100 mg/ml) às amostras trituradas e agitou-se vigorosamente em vórtex. A mistura foi incubada num banho de água quente (65 °C) durante uma hora. Em seguida, adicionaram-se 130 uL de tampão AP2 e incubou-se durante 5 minutos em gelo. Este passo assegurou a precipitação de detergentes, proteínas e polissacáridos. Em seguida, adicionou-se 1,5 volume de tampão AW1 ao filtrado e misturou-se por pipetagem. A mistura foi centrifugada durante 1 minuto a >6000 x g (>8000 rpm) e o filtrado foi eliminado. Subsequentemente, adicionou-se um volume de 500 µL de tampão AW2 e centrifugou-se durante 1 min a >6000 x g, rejeitando-se o fluxo. Este passo foi repetido. Finalmente, pipetou-se um volume de 100 µL de Buffer AE diretamente para a membrana DNeasy, incubou-se durante 5 minutos à temperatura ambiente e centrifugou-se durante 1 minuto a >6000 x g para obter o ADN isolado.

2.6. Reação em cadeia da polimerase (PCR)

Neste estudo, apenas foram utilizados os pares de iniciadores Trans-3 e Trans-4. Estes primers foram encomendados como um pó seco e dissolvidos numa concentração de volume conforme especificado pelo fabricante do primer (Sigma). Foi utilizado um volume total de 14 µL para a reação de PCR por amostra. Este volume era composto por 1 µL de amostra de ADN, 6,8 µL de água, 1,5 µL de MgCl2 (50 mM), 1,5 µL de tampão de PCR 10X, 1 µL para cada iniciador direto e inverso (5 µM), 1 µL de dNTPs (2,5 mM) e 0,2 µL de *Tag* Polymerase (Hot Start). Foi preparada uma mistura principal, dependendo do número de amostras e separada para cada par de primers. A mistura principal foi cuidadosamente misturada de cada vez utilizando um vortex (Phoenix RS-VA10). Antes de executar as amplificações PCR, a mistura de reação PCR foi agitada com um vortex e centrifugada durante 1-2 minutos. Todas as amplificações PCR foram efectuadas no termociclador Biometra Professional (Fig. 2.6a). O programa de amplificação da PCR foi o seguinte: passo de desnaturação inicial de 95° C, durante 15 segundos, seguido de 30 ciclos de desnaturação a 94° C durante 1 segundo, recozimento a 58-60° C durante 1 segundo, extensão a 72° C durante 1 segundo e, em seguida, 25 ciclos de desnaturação a 94° C durante 1 segundo, recozimento a 50° C durante 1 segundo, extensão a 72° C durante 1 segundo. A extensão final foi efectuada a 72° C durante 20 segundos e mantida (pausa) a 16° C.

2.6.1. Eletroforese em gel dos amplicões da PCR

Foi efectuada uma eletroforese em gel para separar os produtos da PCR de acordo com o comprimento dos fragmentos (pares de bases) para posterior visualização e purificação. Foi preparada uma agarose a 1,5% de acordo com os protocolos padrão. Depois de adicionar a quantidade necessária (1,5 g) de agarose num frasco, foram vertidos 100 ml de tampão (1xTAE). A mistura foi então levada ao micro-ondas durante 2-3 minutos para ferver e assegurar a dissolução completa e homogénea da agarose. Deixou-se a solução arrefecer um pouco antes de adicionar 5 µL de Roti-Safe. Em seguida, a solução de agarose foi vertida no tabuleiro de gel com o pente no sítio. O gel foi deixado a solidificar à temperatura ambiente durante 20-30 minutos. Subsequentemente, as amostras foram carregadas com 2 µL de azul de bromofenol e a escada de ADN (100 bp) (Fig. 2.6b). O gel foi corrido a uma voltagem entre 80 V e 120 V, dependendo do tamanho dos fragmentos esperados (Fig. 2.6c). Os fragmentos de ADN foram visualizados utilizando um transiluminador UV e foram obtidas imagens digitais do gel. Combinámos dois produtos de PCR da mesma amostra após a purificação do gel para reacções de sequenciação subsequentes. O motivo da réplica foi a obtenção de um ADN muito concentrado após a purificação do gel.

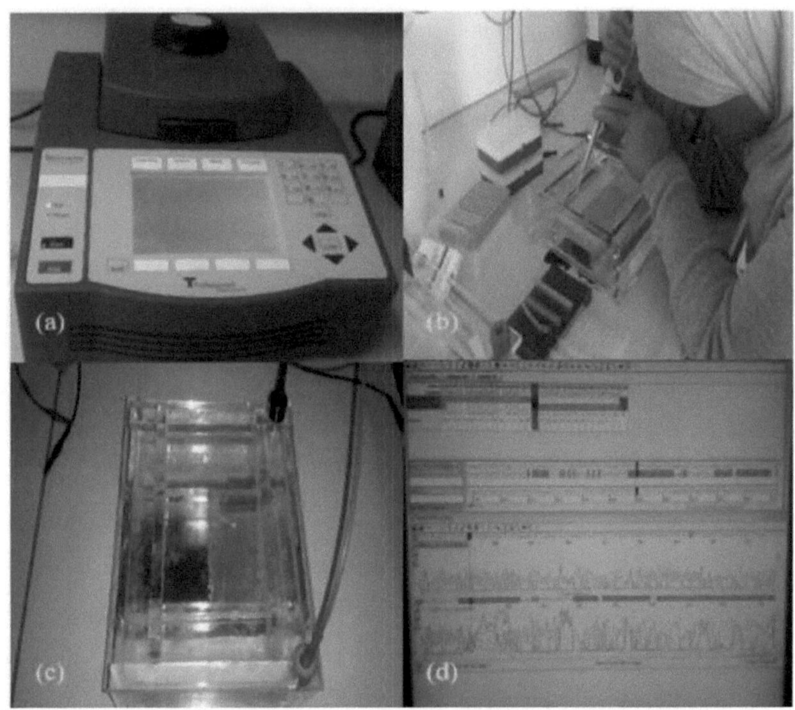

Fig. 2.6 a) Execução da PCR no termociclador Biometra Professional; **b)** Carregamento das amostras de ADN nos poços de gel; **c)** Execução da eletroforese em gel; **d)** Edição dos cromatogramas de sequência.

2.6.2. Purificação do ADN a partir de gel de agarose

Os fragmentos de ADN do gel de agarose foram cortados com um bisturi afiado sob luz UV e transferidos para tubos de reação rotulados de 1,5 ou 2,0 ml. O protocolo do kit de extração em gel InnuPREP foi utilizado de acordo com as instruções do fabricante. Adicionámos 650 ul de Gel Solubilizer e incubámos as fatias de gel durante 10 min a 50° C até as fatias de gel estarem completamente dissolvidas. Em seguida, foram adicionados 50 µL de Binding Optimizer e a suspensão foi bem misturada por vórtex ou pipetagem para cima e para baixo. A suspensão foi transferida para filtros de centrifugação dentro de tubos receptores de 2,0 ml e centrifugada a ~10.000 x g (~12.000 rpm) durante 1 min. Os filtrados foram rejeitados e foram adicionados 700 µL de Solução de Lavagem LS e subsequentemente centrifugados a ~10 000 x g (~12 000 rpm) durante 1 min. Os filtrados foram novamente eliminados e centrifugados à velocidade máxima durante 2 minutos para remover todos os vestígios de etanol. Por fim, os filtros de centrifugação foram colocados num tubo de eluição de 1,5 ml e adicionados 15 µL de tampão de eluição, incubados durante 1 minuto à temperatura ambiente e centrifugados a ~6000 x g (~8000 rpm) durante 1 minuto para obter os fragmentos de ADN purificados.

2.6.3. Reação de sequenciação

Foi utilizado um volume total de 8 µL por amostra para a sequenciação. Este volume incluiu 2 µL da amostra de ADN purificado, 4,5 µL de água, 2 µL de Bright Dye (verde), 0,5 µL de Bright Dye Terminator e 1 µL de primers forward ou reverse. O programa de amplificação foi o seguinte: passo de desnaturação inicial de 96° C durante 1 min, seguido de 35 ciclos de desnaturação a 96° C durante 10 seg, recozimento a 45° C durante 10 seg, extensão a 60° C durante 4 min e retenção a 16° C. Todas as reacções de sequenciação foram executadas num termociclador Biometra Professional.

2.6.4. Purificação da reação de sequenciação

O protocolo NucleoSEQ para limpeza de reacções de sequenciação foi utilizado para a purificação de reacções de sequenciação. As colunas NucleoSEQ foram centrifugadas durante 30 segundos a ~750 x g para recolher a matriz de gel seco no fundo do cartucho. Em seguida, adicionámos 600 µL de água destilada e agitámos em vórtice para hidratar a matriz de gel. As bolhas de ar foram removidas batendo nas colunas e posteriormente incubadas durante pelo menos 30 minutos. Os tampões do fundo foram removidos e as colunas de centrifugação colocadas em tubos de recolha. A suspensão foi centrifugada durante 2 minutos a ~750 x g para remover qualquer tampão remanescente. Os tubos de recolha foram eliminados e as colunas de centrifugação foram colocadas em novos tubos de recolha. As amostras de ADN foram colocadas no centro da resina de gel e centrifugadas durante 4-6 minutos a ~750 x g. Em seguida, as colunas de centrifugação foram eliminadas e o ADN purificado estava pronto para as reacções de sequenciação subsequentes. As reacções de sequenciação foram analisadas por eletroforese capilar utilizando o analisador genético ABI PRISM® 3100.

2.7. Clonagem de amplicões

Para verificar os locais heterozigóticos e a pontuação dos alelos, foram clonados os produtos de PCR (amplicões) amplificados em duas amostras de palmeiras de uma árvore fêmea com frutos normais e de uma árvore macho anormal sem frutos, utilizando o par de iniciadores Trans-4. Após a amplificação por PCR destas amostras de óleo de palma, o ADN foi extraído do gel e purificado, servindo subsequentemente como modelo para a reação de clonagem. Os amplicons purificados foram clonados com três réplicas no vetor pCR™2.1-TOPO® e, em seguida, *E. coli* competente foi transformada com o vetor recombinante. Os clones positivos foram seleccionados e o ADN plasmídico foi isolado utilizando o PureLink Quick Plasmid Miniprep Kit. A sequenciação dos fragmentos clonados foi efectuada com o analisador genético ABI PRISM® 3100. Para a sequenciação, foram utilizados primers padrão M13 forward (-20) e reverse complementares às sequências do vetor que flanqueiam os sítios de clonagem múltipla. A análise dos cromatogramas das sequências foi efectuada utilizando o software de alinhamento CodonCode (Fig. 2.6d). O mesmo procedimento foi também utilizado para verificar independentemente os SNP ligados ao sexo em cinco novas amostras adicionais de tamareiras obtidas no Egipto.

2.8. Análise de dados

A edição manual do cromatograma de sequências e a identificação de SNP foram efectuadas utilizando o CodonCode Aligner v. 6.0.1. As análises posteriores das sequências editadas foram efectuadas utilizando o seguinte software: Bioedit, CLC Sequencer, Mega7 e ferramentas BLAST do NCBI.

3. Resultados

3.1. Cobertura genómica das amostras

A região genómica amplificada pelos dois pares de primers sobrepostos Trans-3 e -4 foi utilizada neste estudo. Como se mostra na Fig. 3.1, os amplicons sequenciados representaram um fragmento genómico total de 953 pb. Foi sequenciado todo o exão 5 e parcialmente os exões 4 e 6 do gene putativo da transducina beta-like 3. Esta sequência de exões codifica 66 aminoácidos. A restante sequência representa dois intrões.

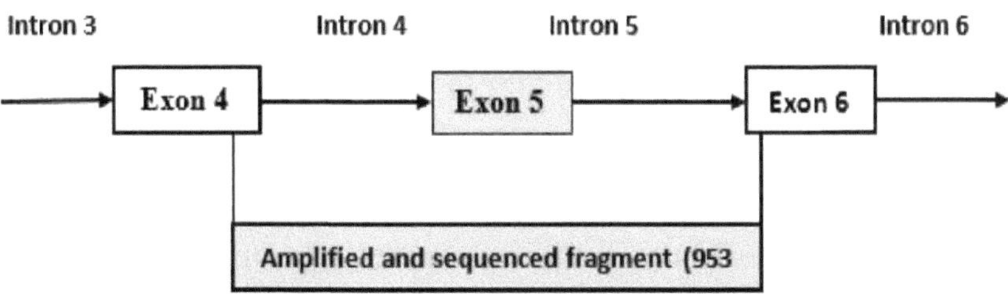

Fig. 3.1 Fragmento (953 pb) do gene da proteína 3 semelhante à transducina beta amplificado e sequenciado em tamareiras e palmeiras

3.2. Teste dos pares de iniciadores concebidos para amplificação do ADN

A Fig. 3.2 mostra uma imagem dos fragmentos de ADN amplificados a partir das amostras de tamareira. Foram utilizados dois pares de primers, Trans-3 (F3&R3) e Trans-4 (F4&R4) para a amplificação do ADN. Os fragmentos de ADN amplificados provinham de quatro amostras - duas árvores macho e duas árvores fêmea, respetivamente. Os tamanhos dos amplicons foram 473 pb para Trans-3 (F3&R3), 579 pb para Trans-4 (F4&R4) e 953 pb para Trans-3-F3 & Trans-4-R4 (amplificação de verificação do comprimento), respetivamente, como esperado. Na amplificação de verificação do comprimento, o forward do iniciador trans-3 e o reverse do segundo iniciador (trans-4) foram utilizados para amplificar as amostras. Estes pares de primers também amplificaram com sucesso todas as amostras de óleo de palma.

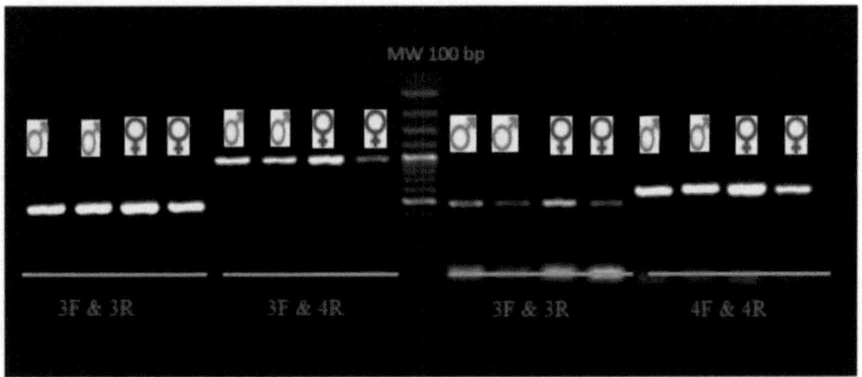

Fig. 3.2 Fragmentos de ADN amplificados das amostras de tamareira

3.2.1. Verificação dos amplicões de ADN sequenciados

A sequência de ADN editada das amostras foi comparada com uma base de dados NCBI Genbank de nucleótidos não redundantes utilizando blastn para garantir que os fragmentos de ADN amplificados e sequenciados representavam o gene da proteína 3 semelhante à transducina beta. Os resultados do BLAST revelaram alinhamentos de sequência significativos com 100% de identidade com o mRNA putativo da proteína 3 semelhante à transducina beta em *Phoenix dactylifera* (tamareira), com um valor E de 6e-116 (Fig. 3.2.1).

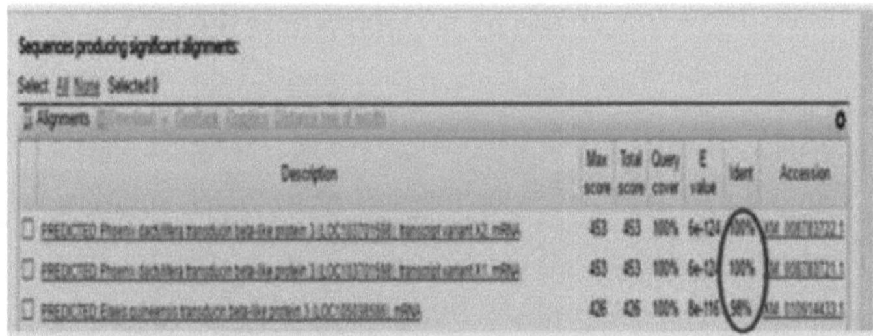

Fig. 3.2.1 Resultados BLAST para a amostra de ADN sequenciado

3.3. Composição nucleotídica das amostras de ADN de tâmaras e de palmeiras

A análise da composição de nucleótidos do ADN foi efectuada utilizando o software CLC bio. Observou-se que o fragmento de ADN genómico amplificado era rico em A-T tanto nas espécies de tâmaras como de palmeiras (Fig. 3.3). A-T representa cerca de 65% e tem uma composição de nucleótidos muito semelhante nas espécies de tâmaras e palmeiras: 40% timina (T), 25% adenina (A), 20% guanina (G) e 15% citosina (C).

a)

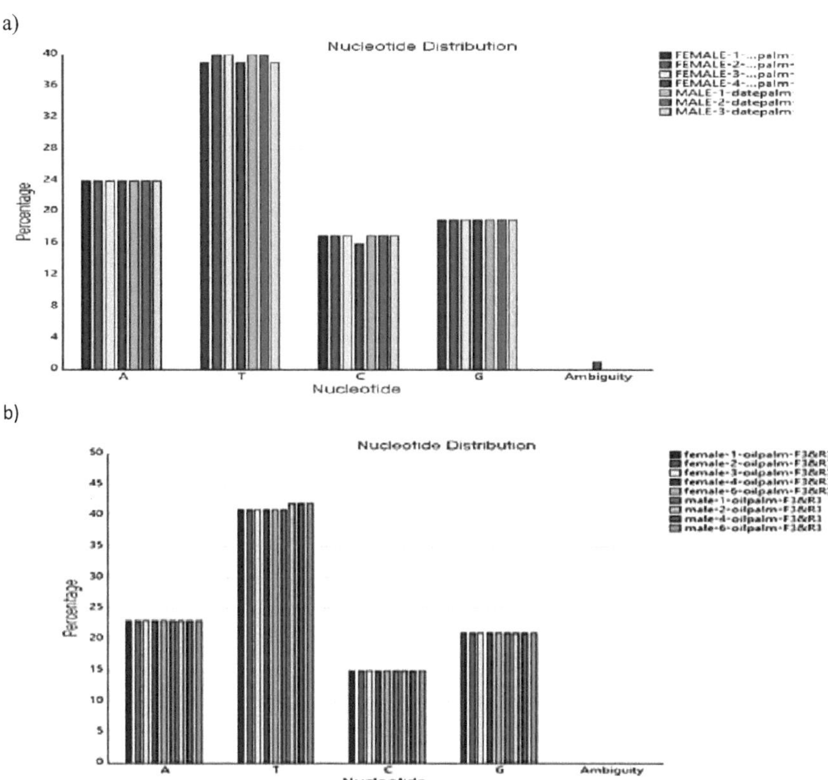

b)

Fig. 3.3 Composição nucleotídica das amostras de tâmara (a) e de óleo (b) de palma

3.4. SNPs em tamareiras

As posições dos SNP foram identificadas e registadas após a edição dos cromatogramas gerados a partir das reacções de sequenciação. As sequências de ADN forward e reverse foram alinhadas utilizando o software de alinhamento CodonCode. Após o alinhamento, as sequências de primers foram também subsequentemente alinhadas para determinar as posições inicial e final dos fragmentos de ADN. Examinando cuidadosamente as sequências de ADN em ambas as direcções e os cromatogramas correspondentes para cada fragmento, as posições dos SNP foram finalmente identificadas e registadas (Tabelas 3.4.1 e 3.4.2). No total, foram identificados 16 SNP em toda a região genómica das amostras de tamareira. Três SNP foram identificados como sendo específicos do sexo entre amostras de tamareiras masculinas e femininas.) As tamareiras também se diferenciaram das palmeiras oleaginosas por três deleções de nucleótidos nas posições 164, 794 e 795.

Quadro 3.4.1 SNPs encontrados nas sequências de ADN das tamareiras

Tree variety	Sex	SNP position															
		43	225	268	303	478	492	562	581	609	712	719	740	741	829	854	869
Samani	F	C	C	C	A	A	A	C/T	C/T	G	A/C	T	G	C	T	T	C
Hayani	F	C	C	C	A	A	A	C	T	G	C	T	G	C	T	T	C
Zaghalol	F	C	C	C	A	A	A	C/T	T	G	A/C	T	G	C	T	T	C
Orabi	F	C/T	C/T	C/T	A/T	A/G	A/C	C	T	G/C	A/C	T	G	C/T	C/T	C/T	C/T
consensus	F	C	C	C	A	A	A	C	T	G	A/C	T	G	C	T	T	C
Unknown	M1	C	C	C	A	A	A	T	C	G	A	T	G	C	T	T	C
Unknown	M2	C	C	C	A	A	A	T	C	G	A	T	G/T	C	T	T	C
Unknown	M3	C	C	C	A	A	A	T	C	G	A	G/T	G	C	T	T	C
consensus	M	C	C	C	A	A	A	T	C	G	A	T	G	C	T	T	C

Os SNP ligados ao sexo estão destacados a vermelho

Tabela 3.4.2 Posições ajustadas dos SNPs da tamareira com base no alinhamento com a tamareira

Tree variety	Sex	SNP position															
		43	226	269	304	479	493	563	582	610	713	720	741	742	832	857	872
Samani	F	C	C	C	A	A	A	C/T	C/T	G	A/C	T	G	C	T	T	C
Hayani	F	C	C	C	A	A	A	C	T	G	C	T	G	C	T	T	C
Zaghalol	F	C	C	C	A	A	A	C/T	T	G	A/C	T	G	C	T	T	C
Orabi	F	C/T	C/T	C/T	A/T	A/G	A/C	C	T	G/C	A/C	T	G	C/T	C/T	C/T	C/T
consensus	F	C	C	C	A	A	A	C	T	G	A/C	T	G	C	T	T	C
Unknown	M1	C	C	C	A	A	A	T	C	G	A	T	G	C	T	T	C
Unknown	M2	C	C	C	A	A	A	T	C	G	A	T	G/T	C	T	T	C
Unknown	M3	C	C	C	A	A	A	T	C	G	A	G/T	G	C	T	T	C
consensus	M	C	C	C	A	A	A	T	C	G	A	T	G	C	T	T	C

Os SNP ligados ao sexo estão destacados a vermelho.

3.4.1. SNPs ligados ao sexo

O número total de SNPs nas sequências de DNA da tamareira foi 16. Onze deles (nas posições 43, 225, 268, 303, 478, 492, 609, 741, 829, 854, 869) eram heterozigotos únicos numa única árvore feminina Orabi. Dois SNPs (nas posições 719 e 740) foram devidos a dois heterozigotos únicos diferentes em duas árvores masculinas diferentes (Tabela 3.4.1). Três SNPs (nas posições 562, 581 e 712) podem ser considerados como ligados ao sexo: as árvores masculinas tinham apenas o alelo T na posição 562, C na posição 581 e A na posição 712. Enquanto as árvores femininas tinham outro alelo nestas posições ou eram heterozigotas. Todos estes três SNP ligados ao sexo estavam localizados no intrão 5 situado entre os exões 5 e 6, respetivamente (Fig. 3.1 e Fig. 3.4.1

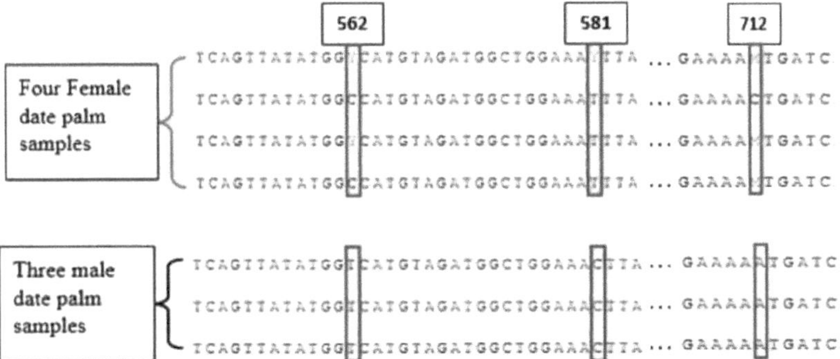

Fig. 3.4.1 SNPs ligados ao sexo e respectivas posições nos fragmentos genómicos amplificados e sequenciados de tamareiras. Y = C/T; M = A/C

3.4.1.1. SNP na posição 562

Todas as tamareiras fêmeas tinham Citosina (C), exceto as tamareiras Samani e Zaghalol, que eram heterozigóticas C/T (Fig. 3.4.1). Todas as tamareiras masculinas tinham timina (T) na posição 562 do SNP e eram homozigóticas ou hemizigóticas (deleção ou ausência deste segmento).

3.4.1.2. SNP na posição 581

Todas as árvores femininas tinham timina (T), exceto a árvore Samani que era heterozigótica C/T. Todas as tamareiras masculinas tinham citosina (C) e eram homozigóticas ou hemizigóticas (deleção ou ausência deste segmento).

3.4.1.3. SNP na posição 712

Todas as três árvores femininas eram heterozigóticas A/C na posição 581 do SNP, exceto a árvore feminina Hayany que tinha apenas o alelo C. Todas as tamareiras macho tinham A nesta posição.

3.4.2. Verificação de SNPs ligados ao sexo nos fragmentos de PCR clonados amplificados pelo par de primers Trans-4 (F4&R4) em cinco tamareiras adicionais

Como verificação independente dos loci ligados ao sexo encontrados nas amostras de tamareira, foram subsequentemente clonadas cinco amostras adicionais de tamareira, incluindo três fêmeas e dois machos, para confirmar os SNP ligados ao sexo previamente identificados. Uma tamareira fêmea representando a variedade Zaghalol era heterozigótica em todos os três loci ligados ao sexo (Tabela 3.4.2.1; destacada a vermelho). Uma tamareira fêmea representando a variedade Bentashia era homozigótica para os alelos T e A nas posições SNP 562 e 712, respetivamente. No entanto, era heterozigótica na posição 581 do SNP (C\T). Uma fêmea de variedade desconhecida era homozigótica em todos os três loci ligados ao sexo com os alelos T, C e A. As duas tamareiras macho eram hemizigóticas ou homozigóticas em todos os três loci ligados ao sexo com os alelos C, T, A e C, T, C respetivamente nas posições 562, 581 e 712 (Quadro 3.4.2.1).

Quadro 3.4.2.1 Verificação dos SNP ligados ao sexo nos fragmentos de PCR clonados amplificados pelo
Par de iniciadores Trans-4 (F4&R4) em cinco tamareiras adicionais

Tree variety	Sex	478	492	513	526	562	581	586	597	609	678	712	719	740	741	771	778	787	807	829	854	862	869	880	895
Zaghalol	F	A	A	A	A	C\T	C\T	A	A	G	W	A\C	T	G	C	C\T	T	T	T	T	T	A	C	C\T	T
Bentashia	F	A	A	A	A	T	C\T	A	A\G	G	T	A	G\T	A\G	C	T	T	T	T	T	T	A	C	T	T
Unknown	F	A	A	A\G	A\G	T	C	A	A	G	T	A	G	G	C	T	T	T	T	T	T	A	C	T	T
Consensus	F	A	A	A	A	T	C\T	A	A	G	T	A	T	G	C	T	T	T	T	T	T	A	C	T	T
Unknown 1	M	G	C	A	A	C	T	A	A	C	T	A	T	G	T	T	C\T	A	C\T	C	C	A\G	T	T	C
Unknown 2	M	A	A	A	A	C	T	A\G	A	G	T	C	T	G	C	T	T	T	C	T	T	A	C	T	C\T

Os SNP ligados ao sexo estão destacados a vermelho

3.5. SNPs em palmeiras de óleo

No total, foram identificados 5 SNP em toda a região genómica das amostras de palmeiras. Um SNP na posição 156 (Tabela 3.5.1) foi identificado como sendo ligado ao sexo, segregando claramente as palmeiras estéreis femininas anormais e as palmeiras monóicas normais (Tabela 3.5.1). Na posição 501 do SNP, a palmeira fêmea-1 era heterozigota C\T. A palmeira masculina-3 era heterozigota A\G na posição 514. O dendezeiro fêmea-1 e o dendezeiro macho-2 eram heterozigotos A\G na posição 774, e os demais eram homozigotos. Todas as fêmeas e um macho eram heterozigotas na posição 894 (Tabela 3.5.1).

Quadro 3.5.1 SNPs encontrados nas sequências de ADN de palmeiras de óleo

Oil palm tree	SNP position*				
	156	501	514	774	894
Female-1	A	C\T	A	A\G	C\T
Female-2	A	**	**	**	**
Female-3	A	C	A	A	C\T
Female-4	A	**	**	**	**
Female-6	A	**	**	**	**
Consensus female	A	C	A	A	C\T
Male-1	A\T	**	**	**	**
Male-2	T	C	A	A\G	C\T
Male-4	T	C	A\G	A	T
Male-6	T	C	A	G	T
Consensus male	T	C	A	A\G	T

Um SNP ligado ao sexo na posição 156 é destacado a vermelho; fêmea - palmeira monóica frutífera normal; macho - palmeira estéril feminina anormal. * As posições ajustadas do SNP da tamareira com base no alinhamento com a tamareira eram as mesmas. ** representa fragmentos de DNA sequenciado de qualidade muito baixa e, portanto, dificulta a identificação das bases nucleotídicas específicas nas posições SNP.

Verificou-se uma supressão de uma base nucleotídica na posição 500 e uma supressão completa de um fragmento constituído por 44 bases nucleotídicas no intrão 5 do gene da proteína 3 semelhante à transducina beta no genoma da palmeira de óleo (posições 519-562; Fig. 3.5.1).

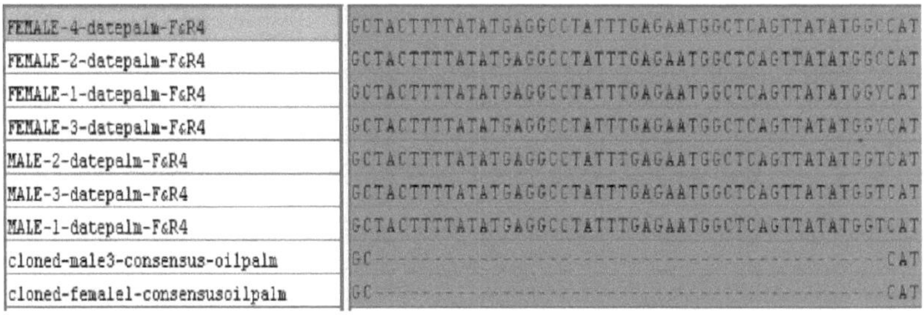

FEMALE-4-datepalm-F&R4	GCTACTTTTATATGAGGCCTATTTGAGAATGGCTCAGTTATATGGCCAT
FEMALE-2-datepalm-F&R4	GCTACTTTTATATGAGGCCTATTTGAGAATGGCTCAGTTATATGGCCAT
FEMALE-1-datepalm-F&R4	GCTACTTTTATATGAGGCCTATTTGAGAATGGCTCAGTTATATGGYCAT
FEMALE-3-datepalm-F&R4	GCTACTTTTATATGAGGCCTATTTGAGAATGGCTCAGTTATATGGYCAT
MALE-2-datepalm-F&R4	GCTACTTTTATATGAGGCCTATTTGAGAATGGCTCAGTTATATGGTCAT
MALE-3-datepalm-F&R4	GCTACTTTTATATGAGGCCTATTTGAGAATGGCTCAGTTATATGGTCAT
MALE-1-datepalm-F&R4	GCTACTTTTATATGAGGCCTATTTGAGAATGGCTCAGTTATATGGTCAT
cloned-male3-consensus-oilpalm	GC---CAT
cloned-female1-consensusoilpalm	GC---CAT

Fig. 3.5.1 Deleções de um fragmento de 44 pb de comprimento no intrão 5 do gene da proteína 3

semelhante à transducina beta em palma de óleo (44 bases nucleotídicas)

3.5.2. SNP ligado ao sexo em palmeiras de óleo

A Tabela 3.5.1 mostra um SNP ligado ao sexo encontrado nestas árvores na posição 156 localizada no intrão 4. Esta espécie funciona normalmente como uma espécie monóica, mas algumas árvores não dão frutos e, por conseguinte, funcionam como machos. Todas as cinco palmeiras normais que dão frutos tinham apenas o alelo A para este SNP, enquanto três árvores masculinas (palmeiras anormais estéreis femininas) tinham T, e um macho era heterozigótico A/T (Fig. 3.5.2).

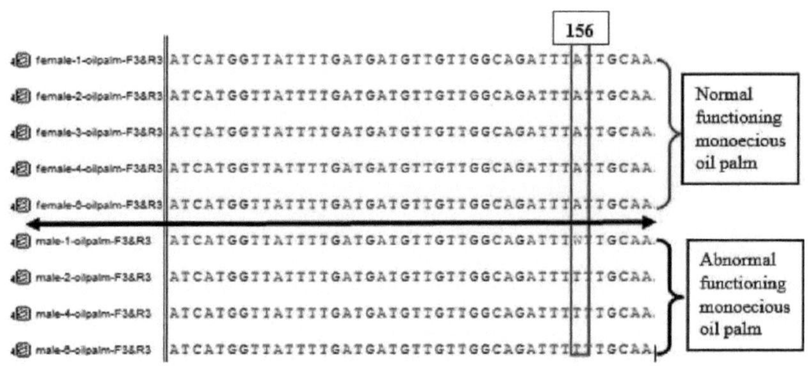

Fig. 3.5.2 Alelo A do SNP ligado ao sexo na posição 156 em palmeiras frutíferas (fêmeas) e A/T (W) ou T em palmeiras anormais estéreis femininas (machos)

3.6.1. Verificação de SNPs nos fragmentos de PCR clonados amplificados pelo par de primers Trans-4 (F4&R4) em duas palmeiras de óleo

Os fragmentos de PCR amplificados pelo par de primers Trans-4 (F4&R4) em duas palmeiras foram clonados para verificar heterozigotos em quatro SNPs (Tabela 3.6.1). Três fragmentos de PCR por árvore foram clonados, sequenciados e analisados, e os genótipos dos SNPs foram verificados. Na posição 501 do SNP, todos os três fragmentos de uma palmeira macho-3 sem frutificação tinham o alelo C, confirmando que esta árvore era homozigótica C/C ou hemizigótica C, enquanto os fragmentos de uma palmeira fêmea-1 com frutificação normal eram C ou T, confirmando que esta árvore era heterozigótica C\T. O mesmo padrão foi observado para as posições 774 e 894 do SNP. No entanto, o oposto foi observado na posição 514 do SNP, com uma palmeira fêmea-1 com frutificação normal sendo homozigótica A/A ou hemizigótica A, enquanto uma palmeira macho-3 anormal sem frutificação era heterozigótica A\G.

Tabela 3.6.1 Verificação dos SNP nos fragmentos de PCR clonados amplificados pelo par de iniciadores Trans-4 (F4&R4) numa palmeira monóica fêmea-1 com funcionamento normal e numa palmeira macho-3 anormalmente estéril

| Tree and its cloned fragment | SNP position and allele | | | |
#	501	514	774	894
Female-1 oil palm tree	C\T	A	A\G	C\T
cloned fragment 1	C	A	G	T
cloned fragment 2	C	A	A	C
cloned fragment 3	T	A	A	T
Male-3 oil palm tree	C	A\G	A	T
cloned fragment 1	C	A	A	T
cloned fragment 2	C	A	A	T
cloned fragment 3	C	G	A	T

3.7. Tipos de SNP em tamareiras e palmeiras

Entre todos os SNP encontrados em tamareiras e palmeiras nos fragmentos de ADN sequenciados amplificados pelo par de primers Trans-3, 35% encontravam-se em exões e 65% em intrões (Fig. 3.7.1).

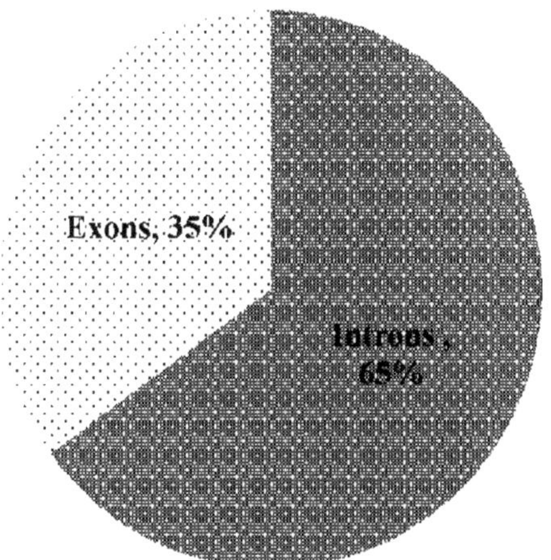

Fig. 3.7.1 **Proporção de SNPs em exões e intrões em tamareiras e palmeiras**

O SNP mais frequente na tamareira foi o C\T. Foram encontrados 9 tipos de

SNP C\T, 1 A/G, 1 A/T, 1 G/C, 2 G/T e 2 A\C na tamareira (Fig. 3.7.2).

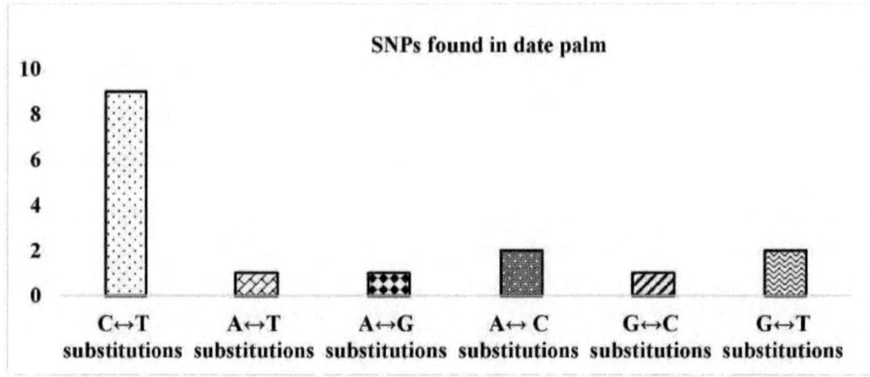

Fig. 3.7.2 Tipos de SNP encontrados em tamareiras

Os SNP mais frequentes no óleo de palma foram C\T e A\G. Foram encontrados 2 C\T, 2 A/G e 1 A/T. Não foram encontrados tipos de SNP G/C, G/T e A\C no óleo de palma (Fig. 3.7.3).

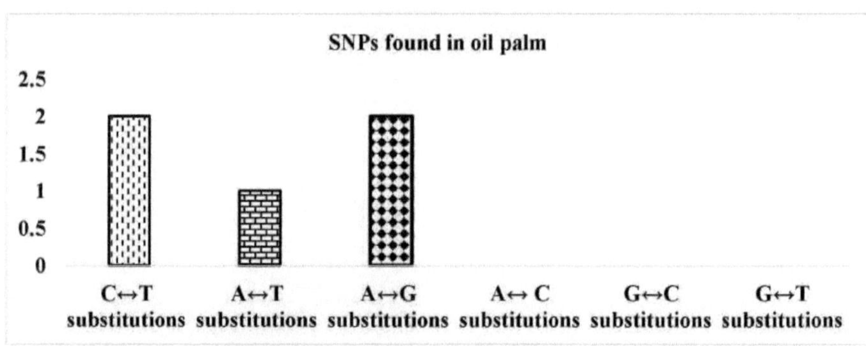

Fig. 3.7.3 Tipos de SNP encontrados na palma de óleo

Numa comparação entre os SNP encontrados na tamareira e na palmeira de óleo, a substituição C\T foi a mais frequente na tamareira, mas A\G na palmeira de óleo (Fig. 3.7.4). Os tipos de SNP A\C, G\C e G\T foram encontrados exclusivamente na tamareira.

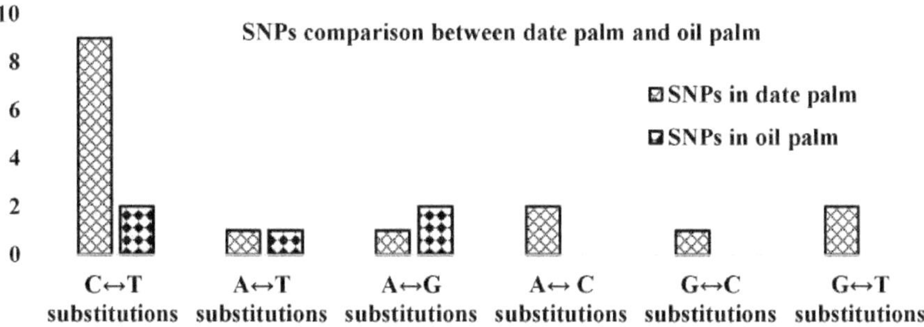

Fig. 3.7.4 Comparação dos tipos de SNP entre as tamareiras e as palmeiras

3.8. Análise filogenética

A árvore filogenética inferida utilizando o software MEGA7 baseou-se no alinhamento da sequência de nucleótidos dos genes TBL3 homólogos amplificados e sequenciados em *Phoenix dactylifera* (tamareira) e *Elaeis guineensis (palmeira de óleo)* (Fig. 3.8).

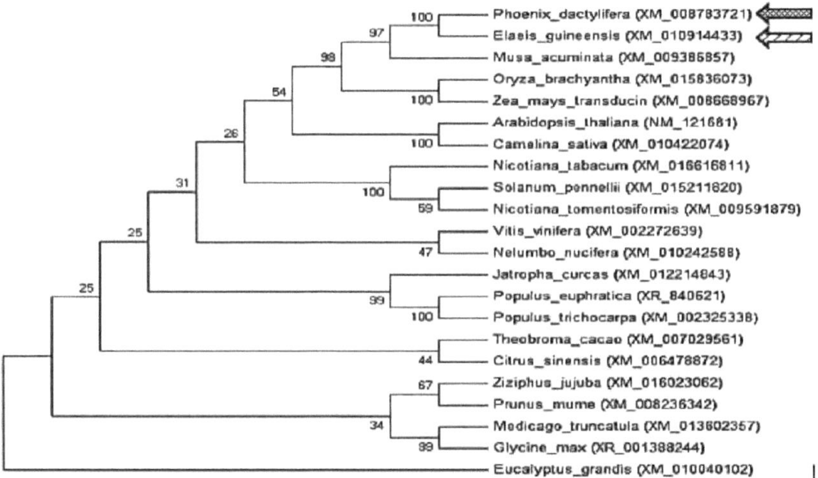

Fig. 3.8 O dendrograma do gene TBL3 em diferentes espécies de árvores gerado usando o método Neighbour-Joining Tree (Saitou e Nei 1987) no MEGA7 (Kumar *et al.* 2015). Um total de 1000 réplicas bootstrap de árvores de consenso foi utilizado na análise (Felsenstein 1985). Os ramos podiam ser colapsados, se as réplicas bootstrap fossem inferiores a 50%. As distâncias evolutivas foram calculadas utilizando o método de Kimura de 2 parâmetros (Kimura 1980) e estão nas unidades do número de substituições de bases por local.

CAPÍTULO 4

4. Discussão

Os estudos recentes para discriminar o sexo em plantas dióicas utilizando marcadores genéticos moleculares têm vindo a aumentar, principalmente devido ao aumento do número de genomas sequenciados de plantas dióicas como consequência direta de um grande avanço nas novas tecnologias de sequenciação, como a sequenciação de nova geração (NGS), juntamente com razões económicas (Heikrujam et al. 2015; Khosla e Kumari 2015). A determinação do sexo em plantas dióicas é um fenómeno interessante, mas também muito desafiante devido à sua variabilidade, bem como à incerteza e ao conhecimento geralmente insuficiente dos mecanismos de determinação do sexo nas plantas (Ming et al. 2011; Milewicz e Sawicki 2012). A complexidade das plantas em termos de dimorfismo sexual dinâmico e em constante evolução das funções reprodutivas pode ser atribuída, em grande medida, à natureza sedentária das plantas e, por conseguinte, à necessidade de adaptação para fazer face a diferentes stresses e condições ambientais (Ming et al. 2011; Heikrujam et al. 2015).

Ao contrário das plantas, os animais são móveis e apresentam normalmente uma separação rigorosa dos sexos (Ming et al. 2011). Embora seja muito comum nos animais, em nítido contraste com as plantas, os processos de desenvolvimento unissexuais que levam ao dioecismo são um fenómeno recente, e os mecanismos envolvidos são muito complicados e não são bem compreendidos (Ming et al. 2011). Acredita-se que o dioecismo seja um processo evolutivo recente, promovido pelas consequências negativas da autofecundação e da endogamia, que podem levar à depressão endogâmica. Além disso, as plantas também podem ganhar com a realocação de recursos para a formação de apenas um órgão reprodutor sexual (Charlesworth e Charlesworth 1978; Charlesworth e Guttmann 1999).

Houve várias tentativas para determinar genes ligados ao sexo que pudessem discriminar o género na tamareira (Bekheet e Hanafy 2010). Este tem sido um problema antigo e os genes de determinação do sexo têm iludido os investigadores até à data. Na nossa tentativa de resolver este problema biológico de longa data, um gene ligado ao sexo conhecido de Aspen foi comparado com genomas de tâmaras e palmeiras na base de dados do Centro Nacional de Informação Biotecnológica (NCBI). Foram identificadas sequências homólogas em tâmaras e palmeiras, e foram concebidos primers PCR específicos para amplificar este gene nestas duas espécies. Esta abordagem é nova e difere em muitos aspectos das abordagens anteriores para encontrar genes relacionados com a determinação do sexo na tamareira.

4.1. Vantagens da atual abordagem de investigação em relação aos métodos anteriores

Estudos anteriores para discriminar o género em tamareiras com marcadores genéticos moleculares utilizaram marcadores moleculares menos eficientes, como os marcadores RAPD (Ben-Abdallah et al. 2000; Soliman et al. 2003; Al-Khalifa et al. 2006), AFLP (Corniquel e Mercier 1997; Adawy et al. 2004) e ISSR (Ahmed e Al-Qaradawi 2009). São marcadores dominantes e não permitem distinguir heterozigotos de homozigotos para alelos dominantes. São também notoriamente conhecidos pela sua baixa reprodutibilidade (Semagn et al. 2006; Khosla e Kumari 2015). A AFLP também consome muito tempo e é demasiado trabalhosa (Semagn et al. 2006; Heikrujam et al. 2015). Foram utilizados principalmente para o mapeamento genético (por exemplo, Mathew et al. 2014), mas não para a determinação do sexo.

De acordo com uma revisão relativamente recente sobre marcadores ligados ao sexo em plantas dióicas efectuada por Milewicz e Sawicki (2012), uma abordagem ideal para a determinação do sexo deve centrar-se em marcadores que determinem haplótipos masculinos e femininos. Além disso, argumentaram que um único marcador sexual pode conduzir a resultados falsos e pouco fiáveis, uma vez que a falta de amplicões de PCR pode dever-se possivelmente à falta ou à insuficiência de ADN e não à mera ausência de produtos de PCR. Isto pode ser visto como um simples erro, mas pode ser fundamental na identificação de marcadores ligados ao sexo.

A nossa investigação teve como alvo um gene específico que se verificou ser específico do sexo masculino em choupo (Pakull et al. 2014) e difere significativamente das abordagens anteriores de determinação do sexo. Estudos anteriores sobre a determinação do sexo na tamareira basearam-se frequentemente em marcadores moleculares que não visam um gene específico ligado ao sexo, mas são geralmente aleatórios, como RAPD e ISSR, e nenhum destes marcadores ligados ao sexo foi encontrado localizado num gene específico na tamareira. No nosso estudo, os marcadores ligados ao sexo identificados foram encontrados num gene homólogo na tamareira e na palmeira de óleo que foi previamente identificado como sendo um gene específico do sexo masculino em aspen (Pakull et al. 2014). Este é o primeiro estudo a descobrir SNPs ligados ao sexo em tamareira num gene (TBL3).

4.2. Composição de bases nucleotídicas em amostras de tâmaras e palmeiras

O gene putativo da proteína 3 semelhante à transducina beta (TBL3), parcialmente amplificado e sequenciado em tamareiras e palmeiras, era rico em AT (65% AT; Fig. 3.3). As regiões codificadoras são normalmente ricas em GC, mas este fragmento amplificado incluía dois intrões muito longos (sequências não codificadoras). Os genes ricos em AT têm normalmente intrões longos (Carels e Bernardi 2000). Um teor de GC de 35% no gene TBL3 da tamareira e da palmeira de óleo é comparável ao de outras plantas, como *Populus trichocarpa* (36,7%), *Ginkgo biloba* (34,7%) e *Arabidopsis thaliana* (39,1%) (Smarda e Bures 2012). Os genes ricos em GC têm geralmente intrões mais curtos em comparação com os genes ricos em AT (Carels e Bernardi 2000). Existe também uma correlação elevada entre os comprimentos das regiões codificadoras e a riqueza em GC (Carels e Bernardi 2000). Significativamente e no contexto do presente estudo, a ocorrência de intrões mais longos e abundantes nos genes cria condições favoráveis para o splicing alternativo, que é um mecanismo importante para a expressão diferencial dos genes (Carels e Bernardi 2000) que, hipoteticamente, pode afetar a determinação do sexo (Salz 2011).

4.2.1. Comparações de SNP entre tamareiras e palmeiras

Com base nos resultados do alinhamento das sequências do genoma da tâmara e da palmeira de óleo, 35% dos SNP estavam na região codificadora (exões) e 65% nos intrões (Fig. 3.7.1). Esta tendência é altamente esperada, uma vez que a maioria dos SNP ocorre normalmente em regiões não codificantes em comparação com as regiões codificantes (Cargill et al. 1999). A principal razão pela qual há mais SNP localizados nas regiões não codificantes pode ser a seleção natural contra SNP não sinónimos que causam substituições de aminoácidos e podem afetar gravemente a função das proteínas dos genes (Cargill et al. 1999; Syvanen 2001; Agarwal et al. 2008; Meneely 2014).

Verificou-se uma enorme deleção de 44 bases nucleotídicas no intrão 5, encontrada apenas na sequência do genoma da palmeira oleaginosa amplificada pelo par de iniciadores Trans-4 (F4&R4) (Fig. 3.5.1). Geralmente, a maioria das deleções ocorre em regiões não codificantes, uma vez que essas partes do gene são geralmente cortadas do RNA mensageiro maduro após o splicing e não estão sob seleção, a menos que essa deleção afete ou cause splicing alternativo.

Foi também efectuada uma comparação dos SNP nas tamareiras e nas palmeiras (Figuras 3.7.2, 3.7.3 e 3.7.4). O tipo de SNP mais comum na tamareira foi C\T (Fig. 3.7.2). Cerca de 62% dos SNPs encontrados na tamareira foram transições (C/T ou G/A) e 38% transversões (C/T, A/G, C/A, ou T/G). Além disso, os SNPs encontrados na palmeira de óleo eram 80% tipos de transição e 20% tipos de transversão (Fig. 3.7.3). Em geral, foram encontrados mais tipos de SNP de transição do que de transversão tanto nas tamareiras como nas palmeiras. Esta observação particular é típica em geral (Batley et al. 2003).

Além disso, os SNPs do tipo de transição são menos propensos a mudar os aminoácidos devido a reparos de base wobble e, portanto, produzem principalmente mutações silenciosas nas populações em comparação com as tranversões, que às vezes podem ser letais (Carr 2014). O tipo de SNP de transversão (substituição A\T) foi encontrado na palma de óleo (Tabela 3.5.1). Esta é a mutação ligada ao sexo que segrega entre palmeiras normais que dão frutos (fêmeas) e palmeiras estéreis femininas que não dão frutos (machos). Este SNP ligado ao sexo está localizado no intrão 4 (Fig. 3.1). É possível que afecte o splicing alternativo, levando ao não desenvolvimento da inflorescência feminina.

4.3. SNPs que segregam o género

A teoria da evolução que sugere que o dimorfismo sexual (inflorescência masculina ou feminina) teve origem em antepassados monóicos (incluindo plantas com flores hermafroditas) pressupõe duas mutações genéticas ou genómicas independentes: uma que causa a esterilidade masculina e promove a feminilidade e outra que causa a esterilidade feminina e promove o desenvolvimento da inflorescência masculina (Charlesworth e Guttman 1999; Ming et al. 2011; Charlesworth 2016). De facto, o desenvolvimento do pistilo e do estame envolve um número de genes em vários estádios de desenvolvimento e torna o aborto ou a não-função de órgãos masculinos ou femininos, especialmente se alguns destes genes forem genes reguladores (Wellmer et al. 2004 citado em Ming et al. 2007). No entanto, a determinação do sexo nas plantas pode ser controlada por um único locus ou por múltiplos loci (Grant et al. 1994).

Os SNPs são abundantes na maioria dos genomas de plantas e a principal fonte de variação genética (Meneely 2014). Em média, ocorre um SNP por 100 ou 150 bases nucleotídicas nos genomas de eucariotas (Syvanen 2001).

Neste estudo, identificámos três SNPs ligados ao sexo no intrão 5 (Fig. 3.1) que discriminam as tamareiras masculinas e femininas em quatro cultivares de tamareiras economicamente importantes (Fig. 3.4.1). Estes três SNPs constituíram cerca de 19% do total de SNPs identificados. As tamareiras masculinas eram homozigóticas ou hemizigóticas em todos os três SNPs, enquanto as tamareiras femininas eram homozigóticas ou heterozigóticas nas mesmas posições de SNP. Estes SNPs ligados ao sexo foram posteriormente verificados através da clonagem de cinco novas amostras adicionais de tamareiras (Tabela 3.4.2.1). Os SNPs localizados em intrões, especialmente em locais de splice, podem causar splicing alternativo, o que pode levar à alteração de aminoácidos ou afetar a expressão de certos genes (Al-mamari 2013; Meneely 2014).

Geralmente, os SNPs fortemente ligados ao sexo ocorrem maioritariamente em regiões não codificantes (Bergero et al. 2007). Por conseguinte, não é surpreendente que todos os SNP ligados ao sexo identificados estivessem localizados num intrão no nosso estudo. Bergero et al. (2007) identificaram genes ligados ao sexo em *S. latifolia*, visando especificamente regiões de intrões através de uma combinação de análise de segregação de Variantes de Tamanho de Intrões (ISVS). O conceito básico desta abordagem baseia-se no estudo da variação do comprimento dos intrões entre pares de genes homólogos nos cromossomas sexuais X e Y em *Silene Latifolia*. À medida que os cromossomas X e Y divergem, os SNP, que são assinaturas de indels, acumulam-se nestes cromossomas sexuais e têm diferenças de tamanho fixo entre as cópias X e Y. Ao utilizar esta abordagem, identificaram quatro novos loci ligados ao Y com homólogos no cromossoma X (Bergero et al. 2007).

O gene candidato à determinação do sexo transducin beta like protein 3 (TBL3) utilizado no nosso estudo pertence à família de proteínas repetidas WD40, que é abundante em eucariotas. O gene TBL3 desempenha um papel importante no desenvolvimento inicial da flor (Pakull et al. 2014), e os SNPs ligados ao sexo identificados podem ser as mutações independentes críticas necessárias para o dimorfismo sexual na tamareira. Outra evidência para apoiar esta afirmação é a segregação completa de palmeiras estéreis femininas, não frutíferas e palmeiras normais frutíferas na posição 156 do SNP. Embora o SNP também esteja localizado numa região não codificante (intrão 4), pode levar a um splicing alternativo, causando a não expressão deste gene e, portanto, levando ao aborto precoce da inflorescência feminina (Meneely 2014). Além disso, uma comparação que foi feita entre um gene de referência da palmeira de óleo (gene TBL3 do banco de dados NCBI) e o SNP encontrado neste estudo mostrou a mutação que ocorre na palmeira de óleo não frutífera estéril feminina substituindo Adenina por Timina. Esta mutação pode ser uma assinatura de sinalização especial ou um splicing alternativo que leva ao não desenvolvimento da inflorescência feminina.

Foi sugerido que a formação de árvores masculinas e femininas funcionalmente separadas a partir de um ancestral inicial monoico ou hermafrodita requer pelo menos duas mudanças mutacionais independentes (Charlesworth 2002; Ming et al. 2011). No entanto, isto não é inteiramente assim para todas as plantas; a determinação do sexo também pode envolver apenas um passo mutacional (Charlesworth 2002). É bem possível que a posição 581 do SNP possa ser a mutação crítica de segregação sexual, uma vez que não há recombinação entre as variedades masculinas e femininas, exceto a variedade feminina Samani. A variedade feminina Samani era heterozigótica em todos os três loci, indicando o possível caso de um hermafrodita. A ocorrência de hermafroditas em espécies dióicas é rara, mas ocasionalmente encontrada (Ming et al. 2007). Na tamareira, é um fenómeno comum encontrar hermafroditas, e vários relatórios atestam a sua existência (Sudhersan e Abo El-Nil 1999 citados em Chao e Krueger 2007). Este fenómeno biológico (hermafroditas) só poderia ocorrer se houvesse recombinação nas regiões determinantes do sexo, revertendo assim para o estado hermafrodita (Ming et al. 2007; Charlesworth et al. 2005). Muitas vezes, na tamareira, os machos podem mudar subitamente para fêmeas e começar a dar frutos. Este fenómeno de machos inconsistentes foi observado e relatado também noutras espécies estritamente cruzadas (Testolin et al. 1995; Charlesworth 2002). É bastante interessante notar que os machos se transformam frequentemente em fêmeas, mas apenas num caso raro as fêmeas podem também transformar-se em machos e vice-versa, como em *Ilex integra* (Takagi e Togashi 2012).

4.4. Mecanismo plausível de determinação do sexo na tamareira

Os SNPs ligados ao sexo identificados neste estudo mostraram que todas as tamareiras macho pareciam homozigóticas ou eram provavelmente hemizigóticas para estes SNPs (Fig. 3.4.1, Tabelas 3.4.1 e 3.4.2). O possível cenário de determinação do sexo pode ser o facto de as tamareiras macho serem hemizigóticas para os loci ligados ao sexo.

Isto significa que têm apenas uma única cópia do alelo para o gene TBL3 que pode estar intimamente ligado a uma região hemizigota determinante do sexo com um determinado locus ligado ao sexo ou estar diretamente envolvido na determinação do sexo. No caso das tamareiras fêmeas, estas possuem ambos os alelos quer em homozigotia quer em heterozigotia (Fig. 4.4). Isto poderia explicar porque é que a variedade feminina de tamareiras Samani (Quadro 3.4.1; Fig. 3.4.1) era heterozigótica em todos os três loci ligados ao sexo. Assim, neste caso, as tamareiras masculinas são heterogâmicas, à semelhança do sistema de determinação do sexo do tipo X-Y no campónio branco (*Silene latifolia*). Assim, o gene TBL3 em estudo pode ser ligado ao X, e o sexo é determinado por uma dosagem genética - dois alelos (duas doses) causarão o desenvolvimento de flores femininas, e um único alelo (uma dose) causará o desenvolvimento de flores masculinas.

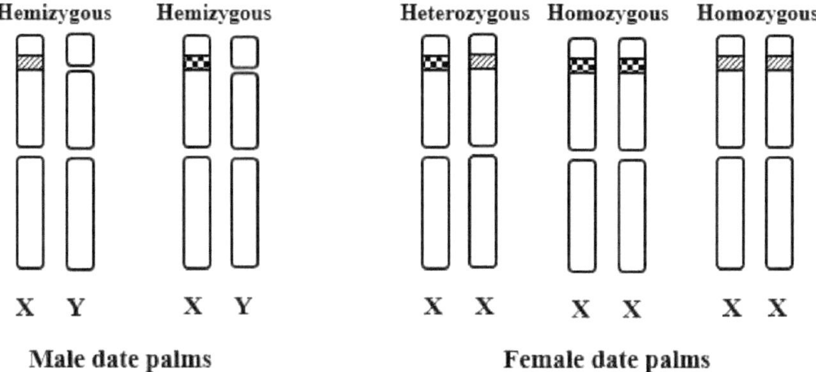

Fig. 4.4 Uma possível determinação heterogâmica do sexo do tipo X-Y, em que os machos são hemizigotos, mas as fêmeas são homozigotas ou heterozigotas para os alelos do gene TBL3 na tamareira

Se for verdade, este pressuposto hipotético fornece mais provas da existência de cromossomas sexuais na tamareira (AL-Mahmoud et al. 2012; Cherif et al. 2013; Mathew et al. 2014). Num estudo recentemente publicado, Mathew et al. (2014) afirmaram que os cromossomas sexuais na tamareira correspondem ao grupo de ligação 12, e que a região de determinação do sexo está localizada no lado inferior deste grupo de ligação. Além disso, num estudo anterior, Cherif et al. (2013) também concluíram que as tamareiras têm cromossomas sexuais do tipo X e Y, mas, ao contrário das nossas observações, verificaram que os marcadores ligados ao sexo eram heterozigóticos nos machos (heterogâmicos) e homozigóticos ou hemizigóticos nas fêmeas (homogâmicos) das tamareiras.

4.5. Gene candidato da proteína 3 semelhante à transducina beta associada à determinação do sexo

O gene TBL3 em tamareiras e palmeiras é um homólogo do gene tormozembryo defective (TOZ), que é específico do sexo masculino em álamo tremedor e é homólogo do gene Potri.019G047300 'TOZ19' de *Populus trichocarpa* (Pakull et al. 2014). Este gene é um membro da família das superproteínas de transdução (WD40). Os membros desta superfamília desempenham papéis importantes na regulação de eventos específicos das plantas no desenvolvimento celular e também durante a sinalização de stress em *Arabidopsis thaliana* (Griffith et al. 2007). O TBL3 também pertence à superfamília do tipo transducina (WD40), que codifica muitas proteínas diferentes e contém repetições de um motivo de 40-45 aminoácidos (Weinstat-Saslow et al. 1993). O grupo WD40 codifica proteínas que desempenham várias funções, como a transdução de sinais, a regulação de genes e o processamento de ARN, bem como interacções de mediação proteína-proteína (Gachamo et al. 2014). Estas descobertas dão uma clara evidência do papel dos genes TOZ19 e TBL3 na fase inicial de desenvolvimento da floração nas plantas e, portanto, tornam-no um gene candidato muito útil para a determinação do sexo noutras plantas dióicas (Kersten et al. 2014 citado em Pakull et al. 2014).

Também foi demonstrado anteriormente que uma mutação no gene TOZ em *Arabidopsis* interrompeu o desenvolvimento de embriões e causou uma divisão celular aberrante (Griffith et al. 2007). O gene TBL3 em tamareiras e palmeiras utilizado neste estudo é altamente homólogo a este gene TOZ com base na elevada identidade de sequência. Por conseguinte, podemos especular que é bastante possível que os SNP ligados ao sexo identificados possam conduzir a splicing alternativo, gerando variantes proteicas que, num estado hemizigótico, podem causar a paragem do crescimento da inflorescência feminina. Existem duas variantes previstas para este gene na base de dados NCBI Genbank. Assim, pode assumir-se que o mecanismo de determinação do sexo na tamareira pode estar associado a splicing alternativo que conduz à expressão diferencial de genes. Adicionalmente, uma vez que uma das principais funções da proteína TBL3 é a transdução de sinal, é também possível que os genótipos masculinos e femininos possam dar diferentes assinaturas de sinalização de dose, o que poderia ativar ou desativar outros genes secundários de determinação do sexo.

Os diferentes haplótipos (marcados por SNPs estreitamente ligados) podem também afetar a determinação do sexo. Uma outra prova disto é a mutação identificada neste estudo em palmeiras de óleo, onde as palmeiras de óleo estéreis femininas que não frutificam tinham uma variante com timina em vez de adenina na posição 156 do gene TBL3. Este SNP também está localizado em intrões, o que sugere que o splicing alternativo pode levar ao aborto completo ou à paragem do crescimento do desenvolvimento da inflorescência feminina na palmeira de óleo. Os SNPs que segregam o sexo podem ter assinaturas específicas do sexo, identificadas e reconhecidas pelo spliceossoma, levando a splicing alternativo, onde os intrões podem fazer parte do mRNA maduro (Meneely 2014). Neste caso, a determinação do sexo seria controlada por um único gene, como acontece no caso dos figos, em que a determinação do sexo é controlada por dois pares de alelos localizados num par de cromossomas homólogos (Storey 1953).

Tanto a palmeira oleaginosa como a tamareira apresentam uma semelhança muito elevada na sequência de nucleótidos do gene TBL3, o que implica papéis funcionais semelhantes. Com base no alinhamento, a tamareira e a palmeira de óleo partilham cerca de 99% de identidade de sequência do gene TBL3. Também se agrupam na árvore filogenética que gerámos para diferentes espécies de plantas com base nas sequências do gene TBL3. Esta elevada semelhança entre a tamareira e a palmeira de óleo é consistente com as conclusões de Mathew et al. (2014). No entanto, a tamareira apresenta uma ramificação relativamente mais longa, sugerindo uma divergência evolutiva recente, que pode ser o resultado de mutações recentes que levaram ao dimorfismo sexual e à especiação. Um estudo abrangente de Demason e Tissert (1998) sobre o desenvolvimento da flor na tamareira indicou que tanto a inflorescência masculina como a feminina são morfologicamente muito semelhantes nas fases iniciais e sofrem diferenciação e especialização celular nas fases posteriores. Também observaram restos de carpelos abortados em inflorescências masculinas maduras e também estames abortados em inflorescências femininas maduras. Esta observação particular pode ser devida a mutações específicas do género que levam ao desenvolvimento unissexual de flores masculinas e femininas. É possível que os haplótipos masculinos e femininos identificados neste estudo possam ser o principal mecanismo para a paragem do crescimento em tamareiras masculinas ou femininas. Além disso, uma função importante do gene candidato em estudo é a transdução de sinais. Os SNPs ligados ao sexo identificados neste estudo também podem gerar sinais específicos de diferentes géneros, levando à ativação ou desativação de outros genes ligados ao sexo ou ao aborto completo do estame ou do pistilo (Meneely 2014).

Entre outros genes candidatos para futuras pesquisas e testes está o gene GIGANTUS1 (GTS1), que também é um membro da família WD40 em *Arabidopsis thaliana*, e com base na técnica de genética reversa e modelação de proteínas está envolvido no controlo do desenvolvimento do crescimento das plantas (Gachamo et al. 2014).

4.6. Verificação dos SNP

Embora o número de amostras de tâmaras sequenciadas seja relativamente pequeno, estas sete amostras de tâmaras provinham de quatro variedades diferentes de tâmaras e a associação dos SNP identificados com o sexo era improvável apenas por acaso.

Para confirmar estes SNP ligados ao sexo, foram sequenciadas e clonadas cinco novas amostras independentes de tamareiras (Quadro 3.4.2.1). Os resultados obtidos demonstram claramente a ligação entre os sexos e, mais importante ainda, apoiam a nossa hipótese de que as tâmareiras masculinas são hemizigóticas nos loci ligados ao sexo (Quadro 3.4.2.1).

Além disso, também foi possível encontrar uma verificação indireta no estudo de Mathew et al. (2014). Estes autores desenvolveram o primeiro mapa genético da tamareira e indicaram que os cromossomas sexuais da tamareira correspondem ao grupo de ligação 12. Também sugeriram que a região de determinação do sexo está localizada na parte inferior do grupo de ligação 12. Verificámos que o andaime da tamareira que contém o gene candidato TBL3 de determinação do sexo que utilizámos no nosso estudo não foi mapeado para nenhum dos grupos de ligação da tamareira, mas o andaime da palmeira de óleo que contém o mesmo gene candidato TBL3 de determinação do sexo foi mapeado para o cromossoma 2 da palmeira de óleo. No entanto, Mathew et al. (2015) encontraram uma alta sintenia entre o braço inferior do grupo de ligação 12 em dendezeiro e os grupos de ligação 1, 2, 5 e 10 em dendezeiro. Isso deu uma confirmação indireta de que os SNPs identificados são ligados ao sexo. É bem possível que o scaffold utilizado no nosso estudo de tamareira possa mais tarde ser colocado no grupo de ligação 12 da tamareira.

4.7. Aplicações práticas

As tamareiras e as palmeiras são duas das mais importantes culturas de frutos da família Arecaceae (Hazzouri et al. 2015). Desempenham um papel significativo nas economias dos países em desenvolvimento (Al-dous et al. 2011; Cherif et al. 2013). No entanto, devido aos problemas identificados por este estudo, o potencial de utilização total destas palmeiras economicamente valiosas é limitado pela incapacidade de discriminar o género na plântula jovem (Mathew et al. 2014). Com base nos haplótipos masculinos e femininos identificados, seria agora possível discriminar as tamareiras masculinas e femininas na fase de plântula. A seleção precoce utilizando marcadores moleculares identificados na fase de plântula poupará dinheiro, tempo e recursos, em vez de esperar que as plântulas amadureçam e comecem a florir após 5-8 anos (Aldous et al. 2011; Mathew et al. 2014).

Em segundo lugar, o único meio praticamente possível de cultivo comercial de tamareiras atualmente é através da utilização de rebentos, que são limitados em quantidade e representam basicamente alguns clones parentais que podem ser altamente susceptíveis ao ataque de pragas e doenças (Chao e Krueger 2007; Al-dous et al. 2011; Cherif et al. 2013). Por exemplo, a doença da murcha de fusariose que recentemente causou tantos estragos nas tamareiras em África (Juarez e Banks 1998). Esta doença é causada por *Fusarium oxysporum* (fungo Ascomycete) e está a espalhar-se rapidamente entre as plantações de tamareiras. Este desenvolvimento sublinha a falta geral de diversidade genética entre as tamareiras. Através da seleção precoce de plântulas, seria agora possível fazer grandes plantações de tamareiras *através de* sementes (Bekheet e Hanafy 2010). Subsequentemente, isto aumentará a diversidade genética e aumentará a resistência das tamareiras aos ataques de pragas e doenças (Al-Mamari 2013).

Em terceiro lugar, estes fabricantes moleculares irão melhorar e acelerar os programas de melhoramento. Os programas de melhoramento bem sucedidos podem tornar-se os catalisadores para o estabelecimento de grandes plantações de tâmaras (Bekheet e Hanafy 2010).

Em quarto lugar, uma vez que as tamareiras são altamente resistentes à seca e à salinidade, no cenário improvável de condições climáticas adversas, em que certas zonas se tornam secas devido à seca, as tamareiras podem ser utilizadas como instrumento de atenuação das alterações climáticas. Além disso, os marcadores moleculares ligados ao sexo identificados e o gene candidato à determinação do sexo utilizado neste estudo podem servir de trampolim para a determinação do sexo noutras espécies de plantas dióicas com valor económico.

No caso da palma, a segregação SNP entre palmeiras estéreis femininas, que não frutificam, e palmeiras normais, que frutificam, abrirá caminho para a seleção precoce na fase de plântula. Isto acabará por aumentar a produção de óleo de palma e ajudará a poupar dinheiro, tempo e recursos.

5. Conclusões

A tamareira é uma das culturas frutícolas de maior valor económico, domesticada e cultivada nas regiões áridas, especialmente no Médio Oriente, no Norte de África e na Península Arábica há séculos. No entanto, a tamareira é uma espécie dióica, sendo as fêmeas economicamente importantes, uma vez que produzem frutos de tâmara. Apesar da sua importância económica, a incapacidade de discriminar as tamareiras macho e fêmea na fase de plântula tem limitado o seu cultivo comercial por sementes. Estudos anteriores destinados a identificar genes ligados ao sexo na tamareira revelaram-se inúteis. Na nossa tentativa de resolver este mistério biológico, adoptámos uma nova abordagem em que aplicámos uma abordagem de genómica comparativa e utilizámos um gene candidato ligado ao sexo que se verificou ser específico do sexo masculino no álamo.

Com base nos resultados obtidos, foram identificados haplótipos masculinos e femininos através do rastreio de SNPs de amostras de tamareiras, incluindo três machos e quatro fêmeas de quatro cultivares de tamareiras economicamente importantes do Egipto. Os três SNPs ligados ao sexo podem agora ser utilizados para discriminar as tamareiras masculinas e femininas na fase de plântula. Isto irá melhorar e preparar o caminho para o cultivo comercial de tamareiras através de sementes.

Os marcadores moleculares identificados são ferramentas mais fáceis, económicas, rápidas e reprodutíveis. Além disso, a identificação de marcadores moleculares masculinos e femininos torna-os mais fiáveis em comparação com estudos anteriores. O cultivo em grande escala de tamareiras aumentará a diversidade genética e aumentará a resistência das tamareiras às doenças. Além disso, o aumento da produção de tamareiras contribuirá para reduzir a pobreza e aumentar a segurança alimentar.

Estes resultados representam um marco na determinação do sexo da tamareira, uma vez que é a primeira vez que se encontram loci ligados ao sexo num gene que já se tinha encontrado ligado ao sexo em Aspen. Apesar de os marcadores moleculares ligados ao sexo identificados poderem não desvendar completamente os mecanismos de determinação do sexo na tamareira, constituem o primeiro modelo de marcador molecular específico do gene.

Sugerimos o sistema de determinação do sexo do tipo X-Y na tamareira como o sistema sexual mais plausível por enquanto, onde as tamareiras masculinas são hemizigotas nos loci ligados ao sexo.

O rastreio de amostras de palmeiras de óleo para SNPs produziu um SNP que discrimina as palmeiras de óleo estéreis femininas e não frutíferas das palmeiras de óleo normais com frutos. Este marcador molecular pode ser utilizado para distinguir e remover as palmeiras não frutíferas na fase de plântula. Esta descoberta ajudará os agricultores a resolver o problema das palmeiras não frutíferas, que são normalmente consideradas inúteis e reduzem o rendimento potencial das plantações de palmeiras. Para além disso, o marcador molecular identificado dá mais provas do papel importante deste gene no desenvolvimento da flor. A análise filogenética das sequências homólogas do gene TBL3 de diferentes espécies, incluindo a tamareira e a palmeira de óleo, revelou uma estreita sinergia entre a palmeira de óleo e a tamareira. O gene TBL3 pode ser o trampolim para a determinação do sexo noutras culturas frutícolas dióicas economicamente importantes.

6. Referências

Adawy, S. S., Jiang, J., e Atia, M. A., M. (2014). Identificação de um novo marcador baseado em PCR específico do sexo para distinguir o género nas tamareiras egípcias. Jornal Internacional de Ciência e Pesquisa Agrícola (IJASR) 4(5): 45-54

Ahmed, M., Soliman, S., e Elsayed, E. (2006). Identificação molecular de alguns machos de tamareira egípcia por variedades femininas (*Phoenix dactylifera* L.) utilizando marcadores de ADN. Jornal de Investigação em Ciências Aplicadas 2: 270-275

Ahmed, T. A., e Al-Qaradawi, A. Y. (2009). Filogenia molecular de genótipos de tamareira do Qatar utilizando marcadores de repetições de sequências simples. Biotecnologia 8: 126131

Ainsworth, C., Crossley, S., Buchanan-Wollaston, V., Thangavelu, M., e Parker, J. (1995). As flores masculinas e femininas da planta dióica sorrel mostram diferentes padrões de expressão do gene MADS box. Célula vegetal 7: 1583-1598

Al-Dous, E. K., George, B., Al-Mahmoud, M. E., Al-Jaber, M. Y., Wang, H., Salameh, Y. M., Al-Azwani, E. K., Chaluvadi, S. C., Pontaroli, A., DeBarry, J., Arondel, V., Ohlrogge, J., Saie, I. J., Suliman-Elmeer, K. M., Bennetzen, J. L., Kruegger, R. R., e Malek, J. A. (2011). Sequenciação do genoma de novo e genómica comparativa da tamareira (*Phoenix dactylifera*). Nature Biotechnology 29(6): 521528

Al-Khalifah, N., S. (2006). Micropropagação e impressão digital de ADN de tamareiras da Arábia Saudita. Associação das Instituições de Investigação Agrícola do Próximo Oriente e do Norte de África, Aarinena Publications Amman, Jordânia. 1: 1-7

AL-Mahmoud, M., E, AL-Dous, E. K., AL-Azawni, E. K., e Malek, J. A. (2012). Ensaio baseado no ADN para distinguir a tamareira (Arecaeae). Jornal Americano de Botânica 99: 7-10

Al-mamari, A., H. (2013). Aplicação da genómica e da genética molecular na tamareira (*Phoenix dactylifera L.*) Tese de doutoramento, Universidade de Nottingham

Al-Mssallem, I. S., Hu, S., Zhang, X., Lin, Q., Liu, W., Tan, J., Yu, X., Liu, J., Pan, L., Zhang T., Yin ,Y., Xin, C., Wu, H., Zhang, G., Abdullah M. M. B., Huang D., Fang

Y., Alnakhli Y. O., Jia1 S., Yin A., Alhuzimi, E. M., Alsaihati, B. A., Al- Owayyed, S. A., Zhao, D., Zhang, N. A., Al-Otaibi, G., Sun, M. A., Majrashi, F., Li, Tala, J., Wang, Q., Yun, N. A., Alnassar, S., Wang, L., Yang, M., Al-Jelaify, R. F., Liu, K., Gao, S., Chen, K., Alkhaldi, S. R., Liu, G., Zhang, M., Guo, H., e Yu, J. (2013). Sequência do genoma da tamareira (*Phoenix dactylifera* L). Nature Communications, 4:2274

Atia, A. M., e Adawy, S. (2015). Novo conjunto de marcadores baseados em PCR específicos do sexo revela nova hipótese de diferenciação sexual na tamareira. Jornal de Ciências Vegetais 3(3): 150-162

Barrow, S. (1998). Uma monografia de Phoenix L. (Palmae: Coryphoideae). Kew Bulletin 53(3): 513-575

Batley, J., G. Barker, H., Sullivan, K. J., e Edwards, D. (2003). Pesquisa de polimorfismos de nucleótido único e inserções/deleções em dados de etiquetas de sequências expressas de milho. Plant Physiol 132:84-91

Bekheet, S. A., Taha, H. S., Hanafy, M. S., Solliman, M., E. (2008). Morfogénese de embriões sexuais de tamareira cultivados in vitro e identificação precoce do tipo de sexo. J Appl Sci Res 4:345-352

Ben-Abdallah, A., Stiti, K., Leoivre, P., Jardin, P., D. (2000). Identificação de cultivares de tamareira (*Phoenix Dactylifera L.*) utilizando ADN polimórfico amplificado aleatório (RAPD). Cahiers Agricultures Journal 9: 103-107

Bendiab, K., Baaziz, M., Brakez, Z., Sedra, M., H (1993). Correlação entre o polimorfismo de isozimas e a resistência à doença de Bayoud em cultivares e descendentes de tamareira. Euphytica 65: 23-32

Bergero, R., Forrest, A., Kamau, E., Charlesworth, D., (2007). Estratos evolutivos nos cromossomas X da planta dióica *Silene latifolia*: Evidências de novos genes ligados ao sexo. Genetics 175: 1945-1954

Billotte, N., Marseillac, N., Brottier, P., Noyer, J., L. e Jacquemoud-Collet, J., P.(2004). Marcador de microssatélites nucleares para a tamareira (*Phoenix dactylifera*): caraterização e utilidade no género Phoenix e noutros géneros de palmeiras. Mol Ecol Notes 4:256-258

Biradar, N., V. (1978). Uma inflorescência invulgar em *Elaeis guineensis*. Principes 22: 115

Chao, C. T., e Krueger, R., R. (2007). A tamareira (*Phoenix dactylifera* L.):

Overview of Biology, Uses, and Cultivation, 42(5): 1077-1082

Carels, N., e Bernardi, G. (2000). Duas classes de genes em plantas. Genética 154: 1819-1825

Cargill, M., Altshuler, D., Ireland, J., Sklar, P. et al .(1999). Characterization of single-nucleotide polymorphisms in coding regions of human genes (Caracterização de polimorfismos de nucleótido único em regiões codificadoras de genes humanos). Nat Genet 22:231-238

Carr, S. (2014). "Transição versus mutações de transversão. https://www.mun.ca/biolo gy/scarr/Transitions vs Transversions.html

Charlesworth, D., Guttman, D., S. (1999). A evolução da dioicia e dos sistemas de cromossomas sexuais das plantas. In: Ainsworth CC, ed. Sex determination in plants. Oxford: BIOS Scientific Publishers, Londres. pp. 25-49

Charlesworth, D. (2002). Determinação do sexo das plantas e cromossomas sexuais. Hereditariedade 88: 94-101

Charlesworth, D. (2016). Cromossomos sexuais de plantas. Revisão Anual de Biologia Vegetal 67: 397-420

Cherif, E., Zehdi, S., Castillo, K., Chabrillange, N., Abdoulkader, S., Pintaud, J., Santoni, S., Salhi-Hannachi, A., Glemin, S., e Aberlenc-Bertossi, F. (2013). Marcadores de DNA específicos para homens fornecem evidências genéticas de um sistema cromossômico XY, uma parada de recombinação e permitem o rastreamento de linhagens paternas na tamareira. New Phytologist 197: 409-415

Corley, R. H., V. (1976a). Germinação e crescimento de plântulas: Developments in crop science. Vol. 1. Oil palm Research, pp. 23-36. Elsevier, Amesterdão, Países Baixos

Corley, R. H., V. (1976b). Aborto de inflorescência e diferenciação sexual: Developments in crop science. Vol. 1. Oil palm Research, pp. 37-54. Elsevier, Amesterdão, Países Baixos

Cornicquel, B., e Mercier, L. (1997). Identificação de cultivares de tamareira (*Phoenix dactylifera* L.) por RFLP: Caracterização parcial de uma sonda de cDNA que contém uma sequência que codifica um motivo de dedo de zinco. International Journal of Plant Sciences 158: 152-156

Daher, A. H., Adam, l., Chabrillange, N., Collin, M., Mohamed, N., Tregear, J. W., e

Aberlenc-Bertossi, F. (2010). A paragem do ciclo celular caracteriza a transição de um botão floral bissexual para uma flor unissexual em *Phoenix dactylifera*. Anais de Botânica 106: 255-266

De Mason, D. A., Stolte, K. W., e Tisserat, B. (1982). Desenvolvimento floral em *Phoenix dactylifera*. Canadian Journal of Botany 60: 1439-1446

Dhawan, C., Kharb, P., Sharma, R., Uppal, S., e Aggarwal, R. K. (2013). Desenvolvimento de marcador SCAR específico para homens em tamareira (*Phoenix dactylifera* L.). Genética de Árvores e Genomas 9:1143-1150

Dransfield, J., e Uhl, N., W. (1998). Palmae. Em K. Kubitzki [ed.], Famílias e géneros de plantas vasculares, plantas com flores: monocotiledóneas. Vol. 4, pp. 306389. Springer-Verlag, Berlim, Alemanha

Elmeer, K., e Mattat, I. (2012). Diferenciação sexual assistida por marcadores em tamareira usando repetições de sequência simples. Jornal de Biotecnologia 2:241-247

FAO. (2014). Base de dados FAOSTAT. Organização das Nações Unidas para a Alimentação e a Agricultura

Felsenstein, J. (1985). Limites de confiança em filogenias: An approach using the bootstrap. Evolution 39:783-791

Gachomo, E. W., Jimenez-Lopez, J. C., Baptiste, L. J., Kotchoni, S. O. (2014). GIGANTUS1 (GTS1), um membro da superfamília de proteínas Transducin / WD40, controla a germinação de sementes, o crescimento e o acúmulo de biomassa por meio de interações de proteínas da biogênese do ribossomo em Arabidopsis thaliana. BMC Plant Biol 14:37

Grant, S., Houben, A., Vyskot, B., Siroky, J., Pan, W. H., Macas. (1994). Genetics of sex determination in flowering plants (Genética da determinação do sexo em plantas com flor). Devel. Genet 15: 214-230

Griffith, M., E, Mayer, U., Capron, A., Ngo, Q., A, Surendrarao, A., McClinton, R., Jurgens, Sundaresan, G. (2007). O gene TORMOZ codifica uma proteína nucleolar necessária para planos de divisão regulados e desenvolvimento embrionário em Arabidopsis. Célula Vegetal 19(7):2246-2263

Guttman, D., e Charlesworth, D. (1998). Um gene ligado ao X com um homólogo degenerado ligado ao Y numa planta dióica. Natureza 393: 263-266

Hazzouri, K. M., Flowers, J. M., Visser, H. J., Khierallah, H. S., M., Rosas, U., Fresquez, A., Purugganan, M. D. (2015). Insights sobre a diversificação de uma cultura de árvores frutíferas. Comunicações da Natureza 6: 8824

Heikrujam, M., Sharma, K., Prasad, M., Agrawal, V. (2015). Revisão sobre diferentes mecanismos de determinação do sexo e marcadores moleculares ligados ao sexo em culturas dióicas: A current update. Euphytica 201(2):161-194

IPCC. (2007). Resumo para os decisores políticos. In: Climate Change 2007: The Physical Science Basis. Contribuição do Grupo de Trabalho I para o Quarto Relatório de Avaliação do Painel Intergovernamental sobre Alterações Climáticas [Solomon, S., D. Qin, M. Manning, Z. Chen, M. Marquis, K.B. Averyt, M.Tignor e H.L. Miller (eds.)]. Cambridge University Press, Cambridge, Reino Unido e Nova Iorque, NY, EUA

Jones, L., H. (1989). Perspectivas da biotecnologia no melhoramento da palmeira de óleo (*Elaeis guineensis*) e do coqueiro (*Cocos nucifera*). In: Biotechnology and Genetic Engineering Reviews 7 :281-296

Juarez, C., Banks, J. A. (1998). Determinação do sexo em plantas. Opinião atual em Biologia Vegetal 1:68-72

Kersten, B., Pakull, B., Groppe, K., Lueneburg, J., Fladung, M. (2014). A região ligada ao sexo em Populus tremuloides Turesson 141 corresponde a uma região pericentromérica de cerca de dois milhões de pares de bases no cromossoma 19 de P. trichocarpa. Plant Biol (Stuttg) 16: 411-418

Khosla, P. K., e Kumari, A. (2015). Métodos de determinação do sexo em plantas Angiospérmicas dióicas. Lakshya: Jornal de Ciência e Gestão 1: 1-9

Kimura, M. (1980). Um método simples para estimar a taxa evolutiva de substituições de bases através de estudos comparativos de sequências de nucleótidos. Jornal de Evolução Molecular 16:111-120

Kumar, S., Stecher, G., e Tamura, K. (2015). MEGA7: Análise de Genética Evolutiva Molecular versão 7.0 para conjuntos de dados maiores. Biologia Molecular e Evolução 33(7):1870-1874

Mathew, L. S., Spannagl, M., Al-Malki, A., George, B., Torres, M. F.,. Al-Dous, E. K., Al-Azwani, E. K., Hussein, E., Mathew, S., Mayer, K. F., X., Mohamoud, Y. A., Suhre, K., e Malek, J., A. (2014). Um primeiro mapa genético da tamareira (*Phoenix*

57 dactylifera) revela a conservação da estrutura do genoma de longo alcance nas palmeiras. BMC Genomics 15:285

Mathew, L. S., Seidel, M. A., George, B., Mathew, S., Spannagl, M., Haberer, G., Torres, M. F., Al-Dous, E. K., Al-Azwani, E. K., Diboun, I., Krueger, R. R., Mayer, K. F., X., Mohamoud, Y. A., Suhre, K. e Malek, J., A. (2015). Uma pesquisa em todo o genoma de cultivares de tamareira suporta duas subpopulações principais em *Phoenix dactylifera*. Gene, Genomas, Genética 5: 1429-1438

Meneely, P. (2014). Análise Genética: Genes, Genomes, and Networks in Eukaryotes. Press, Oxon, UK ISBN-13: 978-0199219827

Milewicz, M., e Sawicki, J. (2012). Mecanismos de determinação do sexo em plantas. Cas. Slez. Muz. Opava (A) 61: 123-129

Ming, R., Bendahmane, A., e Renner, S. S. (2011). Cromossomas sexuais em plantas terrestres. Revisão Anual de Biologia Vegetal 62: 485-514

Miyazawa, Y., Sakai, A., Miyagishima, S., Takano, H., Kawano, S., e Kuroiwa, T. (1999). Auxin and Cytokinin Have Opposite Effects on Amyloplast Development and the Expression of Starch Synthesis Genes in Cultured Bright Yellow-2 Tobacco Cells1. Plant Phisiology 121: 461-469

Mohamed, A., Atia, M., e Adawy. S. (2015). Novo conjunto de marcadores baseados em PCR específicos do sexo revela nova hipótese de diferenciação sexual na tamareira. Journal of Plant Sciences 3(3): 150-162

Nodichao, L., Chopart, J. L., Roupsard, O., Vauclin, M., Ake, S., Jourdan, C. (2011). Variabilidade genotípica da distribuição do sistema radicular da palma de óleo no campo. Consequências para a absorção de água. Solo vegetal 341:505-520

Pakull, B., Kersten, B., Ltoneburg, J., e Fladung, M. (2015). Um marcador simples baseado em PCR para determinar o sexo em aspen. Biologia Vegetal 17: 256-261

Salz, H. K. (2011). Determinação do sexo em insectos: Uma decisão binária baseada em splicing alternativo. Opinião atual em genética e desenvolvimento 21(4): 395400

Saitou, N., e Nei, M., (1987). The neighbor-joining method: Um novo método para a reconstrução de árvores filogenéticas. Biologia Molecular e Evolução 4:406-425

Semagn, K., Bjornstad, A., Ndjiondjop M., N. (2006). Uma visão geral dos métodos de marcadores moleculares para plantas. Jornal Africano de Biotecnologia 5: 2540-2568

Siljak-Yakovlev, S., Cerbah, M., e Sarr, A. (1996). Chromosomal sex determination and heterochromatin structure in date palm. Reprodução Sexual de Plantas 9: 127132

Singh, R., Ong-Abdullah, M., Low, E. T., Manaf, M. A., Rosli, R., Nookiah, R., et al. (2013b). A sequência do genoma do dendezeiro revela divergência de espécies interferentes no Velho e no Novo Mundo. Natureza 500: 335-339

Soliman, S., S, Ali, B., A, Ahmed, M., M., M., M. (2003). Comparações genéticas de cultivares de tamareira egípcia (*Phoenix dactylifera* L.) por RAPD-PCR. African J. Biotechnology 2: 86-87

Storey, W., B. (1953). Genetics of papaya (Genética da papaia). Journal of Heredity 44: 70-78

Syvanen, A. (2001). Aceder à variação genética: Genotyping Single Nucleotide Polymorphisms. Nature Reviews Genetics 2: 930-942

Testolin, R., Cipriani, G., Costa, G. (1995). Razão de segregação sexual e expressão de género no género *Actinidia*. Sex Plant Reproduction 8: 129-132

Uhl, N., W. (1972). Inflorescência e estrutura da flor em *Nypa Fruticans* (Palmae). American Journal of Botany 59: 729-743

Verheye, W. (2010). Crescimento e Produção de Palma de Óleo. Em: Verheye, W. (ed.), Land Use, Land Cover and Soil Sciences. Encyclopedia of Life Support Systems (EOLSS), UNESCO-EOLSS Publishers, Oxford, UK. http://www.eolss.net

Weinstat-Saslow, D. L., Germino, G. G., Somlo, S., Reeders, S., T. (1993). Um gene semelhante à transducina mapeia a região do gene da doença renal policística autossómica dominante. Genómica 18: 709-711

Wellmer, F., Riechmann, J. L., Alves-Ferreira, M., e Meyerowitz E., M. (2004). Análise de todo o genoma da expressão espacial de genes em flores de Arabidopsis. Célula Vegetal 15:1314-1326

WWF (2016). Fundo Mundial para a Natureza. http: //wwf.panda. org/what_we_do/footprint/agriculture/palm_oil

Younis, R. A., A., Ismail O. M., e Soliman, S., S. (2008). Identificação de marcadores de ADN específicos do sexo para a tamareira (*Phoenix dactylifera* L.) utilizando técnicas RAPD e ISSR. Research Journal of Agriculture and Biological Sciences, 4(4): 278-284.

Zaid, A., e de Wet, P. F. (2002a). Climatic requirements of date palm, ed Zaid A. (Food and Agriculture Organization Plant Production and Protection Paper no. 156. Organização das Nações Unidas para a Alimentação e a Agricultura, Roma (Itália) 57-72

Zaid, A., de Wet, P.F., Djerbi, M., e Oihabi, A. (2002). Doenças e pragas da tamareira. In: A. Zaid (ed.). Date palm cultivation. Food and Agriculture Organization Plant Production and Protection Paper no. 156. Organização das Nações Unidas para a Alimentação e a Agricultura, Roma (Itália) 227- 281

Zohary, D., e Hopf, M. (2000). Domesticação de plantas no velho mundo: The origin and spread of cultivated plants in West Asia, Europe, and the Nile Valley. Oxford University Press, Oxon, Reino Unido

Printed by Books on Demand GmbH, Norderstedt / Germany